城市规划设计与市政工程建设

姬向华 董云欣 吴育强 ◎著

辽宁科学技术出版社

·沈阳·

图书在版编目（CIP）数据

城市规划设计与市政工程建设 / 姬向华，董云欣，
吴育强著 . — 沈阳 : 辽宁科学技术出版社，2022.10
（2024.6重印）
  ISBN 978-7-5591-2675-7

  Ⅰ . ①城… Ⅱ . ①姬… ②董… ③吴… Ⅲ . ①城
市规划－建筑设计②市政工程－工程管理 Ⅳ . ① TU984
② TU99

中国版本图书馆 CIP 数据核字（2022）第 151367 号

出版发行：辽宁科学技术出版社
　　　　　（地址：沈阳市和平区十一纬路 25 号　邮编：110003）
印　刷　者：沈阳丰泽彩色包装印刷有限公司
经　销　者：各地新华书店
幅面尺寸：185mm×260mm
印　　张：7.875
字　　数：130 千字
出版时间：2022 年 10 月第 1 版
印刷时间：2024 年 6 月第 2 次印刷
责任编辑：孙　东　卢山秀
封面设计：刘梦杳
责任校对：王春茹

书　　号：ISBN 978-7-5591-2675-7
定　　价：48.00 元
联系编辑：024 - 23280300
邮购热线：024 - 23284502
投稿信箱：42832004@qq.com
http://www.lnkj.com.cn

目 录
Contents

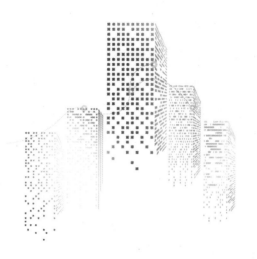

第一章

城乡与城镇规划

第一节 城乡规划体系

一、城乡规划的基本概念

（一）城乡规划的概念

根据国家城市规划基本术语标准，城市规划是对一定时期内城市的经济和社会发展、土地利用、空间布局以及各项建设的综合部署、具体安排和实施管理，这是从城市规划的主要工作内容对城市规划所作的定义。从城乡规划的社会作用的角度对城乡规划作了如下定义：城乡规划是各级政府统筹安排城乡发展建设空间布局，保护生态和自然环境，合理利用自然资源，维护社会公正与公平的重要依据，具有重要公共政策的属性。

（二）城乡规划的基本特点

1. 综合性

城市的社会、经济、环境和技术发展等各项要素既互为依赖又相互制约，城市规划需要对城市的各项要素进行统筹安排，使之各得其所、协调发展。综合性是城市规划的最重要特点之一，在各个层次、各个领域以及各项具体工作中都会得到体现。比如考虑城市的建设条件时，就不仅需要考虑城市的区域条件，包括城市间的联系、生态保护、资源利用以及土地、水源的分配等问题，也需要考虑气象、水文、工程地质和水文地质等范畴的问题，同时也必须考虑城市经济发展水平和技术发展水平等。当考虑城市发展战略和发展规模时，就会涉及城市的产业结构与产业转型、主导产业及其变化、经济发展速度、人口增长和迁移、就业、环境（如水、土地等）的可容纳性和承载力、区域大型基础设施以及交通设施等对城市发展的影响，同时也涉及周边城市的发展状况、区域协调以及国家的政策等，当具体布置各项建设项目、研究各种建设方案时，需要考虑该项目在城市发展战略中的定位与作用，该项目与其他项目之间的相互关系以及项目本身的经济可行性、社会的接收程度、基础设施的配套可能以及对环境的影响等，同时也要考虑城市的空间布局、建筑的布局形式、城市的风貌等方面的协调。城市规划不仅反映单项工程涉及的要求和发展计划，而且还综合各项工程相互之间的关系。它既为各单项工程设计提供建设方案和设计依据，又需统一解决各单项工程设计之间技术和经济等方面的种种矛盾，因而城市规划和城市中各个专业部门之间需要有非常密切的联系。

2. 政策性

城市规划是关于城市发展和建设的战略部署，同时也是政府调控城市空间资源、指导城乡发展与建设、维护社会公平、保障公共安全和公众利益的重要手段。因此，城市规划一方面必须充分反映国家的相关政策，是国家宏观政策实施的工具；另一方面，城市规划需要充分协调经济效益和社会公正之间的关系。城市规划中的任何内容，无论是确定城市发展战略、城市发展规模，还是确定规划建设用地，确定各类设施的配置规模和标准，或者城市用地的调整、容积率的确定或建筑物的布置等都会关系到城市经济的发展水平和发展效率、居民生活质量和水平、社会利益的调配、城市的可持续发展等，是国家方针政策和社会利益的全面体现。

3. 民主性

城市规划涉及城市发展和社会公共资源的配置，需要代表最为广大的人民的利益。正由于城市规划的核心在于对社会资源的配置，因此城市规划就成为社会利益调整的重要手段。这就要求城市规划能够充分反映城市居民的利益诉求和意愿，保障社会经济的协调发展，使城市规划过程成为市民参与规划制定和动员全体市民实施规划的过程。

4. 实践性

城市规划是一项社会实践，是在城市发展的过程中发挥作用的社会制度。因此，城市规划需要解决城市发展中的实际问题，这就需要城市规划因地制宜，从城市的实际状况和能力出发，保证城市的持续有序发展。城市规划是一个过程，需要充分考虑近期的需要和长期的发展，保障社会经济的协调发展。城市规划的实施是一项全社会的事业，需要城市政府和广大市民共同努力才能得到很好的实施，这就需要运用各种社会、经济、法律等手段来保证城市规划的有效实施。

（三）城乡规划的作用

1. 宏观经济条件调控的手段

在市场经济体制下，城市建设的开展在相当程度上需要依靠市场机制的运作，但纯粹的市场机制运作会出现市场失败的现象，这已有大量的经济学研究予以了论证。因此，就需要政府对市场的运行进行干预，这种干预的手段是多种多样的，既有财政方面的（如货币投放量、税收、财政采购等），也有行政的（如行政命令、政府投资等），而城市规划则通过对城市土地和空间使用配置的调控，来对城市建设和发展中的市场行为进行干预，从而保证城市的有序发展。

第一，城市的建设和发展之所以需要干预，关键在于各项建设活动和土地使用活动具有极强的外部性。在各项建设中，私人开发往往将外部经济性利用到极致，而将自身产生的外部不经济性推给了社会，从而使周边地区承受不利的影响。通常情况下，外部不经济性是由经济活动本身所产生，并且对活动本身并不构成危害，甚至是其活动效率提高所直接产生的。在没有外在干预的情况下，活动者为了自身的收益而不断地提高活动的效率，从而产生更多的外部不经济性，由此而产生的矛盾和利益关系是市场本身所无法进行调整的。因此，就需要公共部门对各类开发进行管制，从而避免新的开发建设对周边地区带来负面的影响，从而保证整体的效益。

第二，城市生活的开展需要大量的公共物品。但由于公共物品通常需要大额投资，而回报率低或者能够产生回报的周期很长，经济效益很低甚至没有经济效益，因此无法以利润来刺激市场的投资和供应，但城市生活又不可缺少公共物品，因此就需要由政府进行提供，采用奖励、补贴等方式，或依法强制性地要求私人开发进行供应，而公共物品的供应往往会改变周边地区的土地和空间使用关系的调整，因此就需要进行事先的协调和确定。

此外，城市建设中还涉及短期利益和长期利益之争，比如对自然、环境资源的过度利用所产生的对长期发展目标的危害，涉及市场运行决策中的合成谬误而导致的投资周期的变动等，这就需要对此进行必要的干预，从而保证城市发展的有序性。

城市规划之所以能够作为政府调控宏观经济条件的手段，其操作的可能性是建立在这样的基础之上的：一是通过对城市土地和空间使用的配置，即城市土地资源的配置进行直接控制。由于土地和空间使用是各项社会经济活动开展的基础，因此它直接规定了各项社会经济活动未来发展的可能与前景。城市规划通过法定规划的制定和对城市开发建设的管理，对土地和空间使用施行了直接控制，从物质实体方面拥有了调控的可能。这种调控从表面上看是对土地和空间使用的直接调配，是对怎样使用土地和空间的安排。但在调控的过程中，涉及的实质上是一种利益的关系，而且关系到各种使用功能未来发展的可能，也就是说城市规划对土地使用的任何调整或内容的安排，涉及的不只是建构筑物等物质层面内容，更是一种权益的变动。因此城市规划涉及的就是对社会利益进行调配或成为社会利益调配的工具。第二，城市规划对城市建设进行管理的实质是对开发权的控制，这种管理可以根据市场的发展演变及其需求，对不同类型的开发建设施行管理和控制。开发权的控制是城市规划宏观调控作用发挥的重要方面。例如，针对房地产的周期性波动，城市规划可以配合宏观调控的整体需要，在房地产处于高潮期时，通过增加土地供应为房地产开发的过热进行冷处理；而当房地产开发处于低潮期时，则可以采取减少开发权的供应的方法，从而可以在一定程度上削减其波动的峰值，避免房地产市场的大起大落，维护市场的相对稳定，使城市的发展更为有序。

2. 保障社会公共利益

城市是人口高度集聚的地区，当大量的人口生活在一个相对狭小的地区时，就形成了一些共同的利益需求，比如充足的公共设施（如学校公园、游憩场所、城市道路和供水、排水、污水处理等）、公共安全、公共卫生，舒适的生活环境等，同时还涉及自然资源和生态环境的保护、历史文化的保护等。这些内容在经济学中通常都可称为公共物品。由于公共物品具有非排他性和非竞争性的特征，即这些物品社会上的每一个人都能使用，而且都能从使用中获益，因此对于这些物品的提供者来说，就不可能获得直接的收益，这就与追求最大利益的市场原则并不一致。因此，在市场经济的运作中，市场不可能自觉地提供公共物品。这就要求有政府的干预，这是市场经济体制中政府干预的基础之一。

城市规划通过对社会、经济、自然环境等的分析，结合未来发展的安排，从社会需要的角度对各类公共设施等进行安排，并通过土地使用的安排为公共利益的实现提供基础，通过开发控制保障公共利益不受到损害。例如，根据人口的分布等进行学校、公园、游憩场所以及基础设施等的布局，满足居民的生活需要并且使用方便，创造适宜的居住环境，又能使设施的运营相对比较经济、节约公共投资等。同时，在城市规划实施的过程中，保证各项公共设施与周边地区的建设相协同，对于自然资源、生态环境和历史文化遗产以及自然灾害易发地区等，则通过空间管制等手段予以保护和控制，使这些资源能够得到有效保护，使公众免受地质灾害。

3. 协调社会利益，维护公平

社会利益涉及多方面，就城市规划的作用而言，主要是指由土地和空间使用所产生的社会利益之间的协调。就此而论，社会利益的协调也涉及许多方面。

第一，城市是一个多元的复合型的社会，而且又是不同类型人群高度集聚的地区，各个群体为了自身的生存和发展，都希望谋求最适合自己、对自己最为有利的发展空间。因此，也就必然会出现相互之间的竞争，这就需要有居间调停者来处理相关的竞争性事务。在市场经济体制下，政府就担当着这样的责任。城市规划以预先安排的方式、在具体的建设行为发生之前，对各种社会需求进行协调，从而保证各群体的利益得到体现，同时也保证社会公共利益的实现。作为社会协调的基本原则就是公平地对待各利益团体，并保证普通市民尤其是弱势群体的生活和发展的需要。城市规划通过对不同类型的用地进行安排，满足各类群体发展的需要，针对各种群体尤其是弱势群体在城市发展不同阶段中的不同需求，提供适应这些需求的各类设施，并保证这些设施的实现。与此同时，通过公共空间的提供和营造，为各群体之间的相互作用提供场所。

第二，通过开发控制的方式，协调特定的建设项目与周边建设和使用之间的利益关系。在城市这样人口高度密集的地区，任何的土地使用和建设项目的开展都会对周边地区产生影响。这种影响既有可能来自于土地使用的不相容性，比如工业用地和居住用地等，也可能来自于土地的开发强度．比如容积率、建筑高度等，如果进行不相适宜的开发，就有可能影响到周边土地的合理使用及其相应的利益。在市场经济体制下，某一地块的价值不仅取决于该地块的使用本身，而且往往还受到周边地块的使用性质、开发强度、使用方式等的影响，不仅受到现在的土地使用状况的影响，更为重要的是会受到其未来的使用状况的影响。这对于特定地块的使用具有决定性的意义。比如说，周边地块的高强度开发（比如高容积率）就有可能造成环境质量的下降，人口和交通的拥挤等就会导致该用地的贬值，从而使其受到利益上的损害。城市规划通过预先的协调，提供未来发展的确定性，使任何的开发建设行为都能确知周边的未来发展情况，同时通过开发控制来保证新的建设不会对周边的土地使用造成利益损害，从而维护社会的公平。

4. 改善人居环境

人居环境涉及许多方面，既包括城市与区域的关系、城乡关系、各类聚居区（城市、镇、村庄）与自然环境之间的关系，也涉及城市与城市之间的关系。同时也涉及各级聚居点内部的各类要素之间的相互关系。城市规划在综合考虑社会、经济、环境发展的各个方面，从城市与区域等方面入手，合理布局各项生产和生活设施，完善各项配套，使城市的各个发展要素在未来发展过程中相互协调，满足生产和生活各个方面的需要，提高城乡环境品质，为未来的建设活动提供统一的框架。同时从社会公共利益的角度实行空间管制，保障公共安全和保护自然和历史文化资源，建构高质量的、有序的、可持续的发展框架和行动纲领。

二、城乡规划工作者的角色与地位

（一）政府部门的规划工作者

政府部门中的城市规划工作者担当着两方面的职责：一方面是作为政府公务员所担当的行政管理职责，是国家和政府的法律法规和方针政策的执行者；另一方面担当了城市规划领域的专业技术管理职责，是城市规划领域和运用城市规划对各类建设行为进行管理的管理者。他们是行政管理体系与城市规划专业技术之间的桥梁，有的更是专业技术领域的行政决策者。因此，政府部门的城市规划工作者是城市规划领域中贯彻执行国家和政府的法律法规和方针政策的核心，同时也是保证城市规划专业技术合理性的中坚，是城市规划实施和发挥作用的关键。从这样的意义上讲，政府部门的城市规划工作者的角色，就是要发挥城市规划在城市建设和发展中的作用，并运用城市规划的专业技术手段，执行国家和政府的宏观政策，保证城市的有序发展。作为政府部门的成员，政府部门的城市规划工作者在具体行政行为开展的过程中，运用城市规划的手段维护社会公共利益，并通过对各类建设的规划管理，对不同的利益诉求进行协调，在特定情况下对相关的利益冲突进行仲裁，维护社会公平。

（二）规划编制部门的规划工作者

城市规划编制部门的城市规划工作者的主要职责是编制经法定程序批准后可以操作的城市规划成果，因此其主要角色是专业技术人员和专家。但很显然，城市规划作为政府行为具有公共政策的属性，因此城市规划的编制具有极强政策性，不仅要实施国家和政府的政策，而且其编制成果也将通过法定的程序转化为政府的政策和作为政府管理的依据，因此具有极强的政府行为的特征。这是规划编制机构与其他的咨询机构等不同的地方，也是城市规划编制部门的城市规划工作者区别于其他专业技术人员或专家的重要方面。但也应该看到作为规划编制部门的规划工作者终究不是决策者，而是为决策者提供咨询和参谋，因此必须坚持专业技术的要求，强调专业技术上的科学性和合理性，从而使最终的决策能够建立在科学的基础之上。

此外，由于城市规划中的任何工作都涉及社会利益的调配，因此规划编制单位的城市规划工作者同样担当着社会利益协调者的角色，这就需要公正、公平地处理好各种社会利益之间的相互关系，保障社会公共利益，从而实现社会的和谐发展。

（三）研究与咨询机构的规划工作者

研究与咨询机构的城市规划工作者从事着与城市规划相关的研究和咨询的工作。这种研究和咨询的工作与规划编制机构的工作的区别主要在于：其主要并不是编制法定的城市规划，其完成的研究和咨询的成果并不会直接被作为法定性的政策和文件而得到执行。因此,在相当程度上,研究与咨询机构的规划工作者是以专业技术人员和专家的身份为主,工作的重点在于提出合理的建议和进行技术储备。

与前面两种规划工作者(政府部门和规划编制机构的规划工作者)相比较,研究和咨询机构的城市规划工作者在工作内容上要更少受到现实和实施中具体问题的制约,更具有对现实的批判性和合理性的追求,因此也就更具有社会改革的动力和热情。当然,其他机构的城市规划工作者也可能具有社会改革的热情和行动,但这与他们所担任的工作没有必然的相关性,而是他们个体性的行为。研究与咨询机构的城市规划工作者也可能成为不同社会利益的代言人,其所代言的往往是受人委托的,而并不完全是自身机构的。他们通过对社会利益的代言而参与到社会利益协调的过程中,并发挥相应的作用。

(四)私人部门的规划工作者

尽管研究和咨询机构中的相当部分可以归入到私人部门,但由于他们所从事的工作具有为委托人服务的特征,因此与这里所讨论的私人部门存在着一定的差异。这里所指的私人部门主要是指类似于房地产开发、投资等机构,它们在城市规划过程中具有非常明确的利益诉求。

在私人部门中的规划工作者,首先是特定利益团体的代言人,他们运用自己的专业技术与政府部门、规划编制机构或者咨询机构等的城市规划工作者进行沟通和交流,以维护其所代表的机构的利益。尽管规划工作者所受的职业教育要求其更多关注公共利益,但处于私人部门中的规划工作者主要是从私人部门提出的要求出发的,是为特定企业谋求最大利益的,但是这并不意味私人部门中的城市规划工作者对公共利益就无所作为。首先私人部门本身也具有特定的社会责任的意识,从而有助于规划工作者担当起一定的社会责任;其次,私人部门的规划工作者具有公共领域和私人领域的桥梁的作用,从而使两方面的利益得到兼顾,为保证实现整体利益提供基础。

三、城乡规划体制概述

在人类文明发展史上,很早就有了城市和城市规划。但是现代城市规划作为政府干预工具的职能，却是经济基础和上层建筑之间的关系发展到一定阶段的产物。一个国家的城乡规划体制界定了城乡规划活动运转的空间、城乡规划活动所应当遵循的规则与逻辑。具体而言，城乡规划体制是通过规划法规系统、规划行政系统、规划技术系统，以及规划运作系统来共同构建的。规划法规体系为规划活动提供了法定依据和法定程序，并决定了城乡规划体系的基本特征。城市规划体系的演进常常表现在规划行政、规划编制和开发控制三个方面所发生的重大变革。

（一）规划法规系统

规划法规系统是规划行政体系、规划技术系统和规划运作系统的法律固化总和。法规系统又构成了整个规划体制的基础，为规划行政、规划编制和开发控制方面提供了法定依据和法定程序。规划体制的产生与发展常常是以法规系统的重大变化为标志的。作为现代城市规划体系的核心，每一部城市规划法的诞生都标志着城市规划体系又进入了一个新的历史阶段，主要表现在规划行政、规划编制和开发控制等方面产生了重大的变革。

城市规划的法规体系包括主干法及其从属法规、专项法和相关法。各国（地区）规划法规体系的基本构成是相似的，但是各个组成部分的具体内容会有所差别。

1. 主干法

规划法是城乡规划法规体系的核心，因而又被称作主干法，其主要内容是有关规划行政、规划编制和开发控制的法律条款。尽管各国规划法的详略程度不同，但都具有纲领性和原则性的特征，不可能对各个实施细节作出具体规定，因而需要有相应的从属法规来阐明规划法相关条款的实施细则，特别是在规划编制和开发控制方面。根据立法体制，规划法由国家立法机构如议会制定，从属法规则由法律所授权的政府部门制定。

2. 专项法

城乡规划的专项法是针对规划中某些特定议题的立法。由于主干法具有普遍的适用性和相对的稳定性，这些特定议题（也许会有空间上和时间上的特定性）不宜由主干法来提供法定依据。

3. 相关法

由于城市物质环境的建设和管理包含多个方面，涉及多个行政部门，因而需要各种相应的立法加以规范，城市规划法规只是其中的一个领域。尽管有些立法不是特别针对城市规划的，但是会对城市规划产生重要的影响，较为典型的是有关地方政府机构在环境方面的立法。

（二）规划技术系统

规划技术系统指各个层面的规划应完成的目标、任务和作用，以及完成这些任务所必需的内容和方法，也包括各层面上规划编制的技术规范。规划的技术系统是建立一个国家完整的空间规划系统的基本框架，包括国土规划、区域规划、城市空间战略规划和建设控制规划等多个层面。

各国和地区的规划体系虽然有所不同，但是城市规划体系却是大致相同的。基本可以分为两个层面，分别是战略性的发展规划和实施性的开发控制规划。编制城市规划是大多数国家地方政府的法定职能。战略性发展规划是制定城市的中长期战略目标，以及土地利用、交通管理、环境保护和基础设施等方面的发展准则和空间策略，为城市各分区和各系统的实施性规划提供指导框架，但不足以成为开发控制的直接依据。

（三）规划运作系统

城乡规划运作系统是指规划实施操作机制的总和。规划组织系统和规划技术系统作为静态结构系统，包括各个层面的规划如何编制、编制的规定前提条件、编制过程各阶段的条件制约规定、公众参与的过程规定、规划终稿的法定审定程序、规划成果实施的移交、规划实施的政策制定程序、土地一级市场的控制机制、城乡土地开发的规划审批程序、审批过程的权限监督机制、违反法定规划诉讼机制程序的规定、规划实施过程的准核程序制度、规划修正修订程序等。

四、现行城乡规划体系

（一）现行城乡规划法规系统

1. 法规系统构成

任何国家城乡规划法规体系的构建必然服从该国的法律框架，对一国城乡规划法规体制的理解必须基于对该国的法律体制深刻的认识。立法包含两层含义：从狭义层面讲，立法是指宪法规定的国家立法机构所制定的普遍使用的规则；从广义层面讲，一切有权制定普遍性规则的机构所制定的具有普遍约束力的规则都是立法。这些具有普遍约束力的规则绝大部分是国家法律的深化和具体化，或者是旨在有效实施国家法律的法规。需要强调的是，这些规则不得与国家法律相冲突。上述有权制定普遍性规则的机构主要是指由国家立法机构依法授权制定相关法规的国家行政机关和地方立法机构。在广义层面的立法形式包括以下几类。

第一，中华人民共和国宪法。宪法具有最高的法律效力。

第二，法律。由全国人民代表大会及其常务委员会制定的调整特定社会关系的法律文件，是特定范畴内的基本法。根据所调整的社会关系的不同，法律一般可分为行政法、财政法、经济法、民法、刑法、诉讼法等。

第三，行政法规。行政法规专指国务院制定的行政法律规范。行政法规是国务院在领导和管理国家的各项行政工作中，根据宪法和法律制定的有关经济、建设、教育、科技、文化、外交等各类法规的总称。国务院是国家行政的最高机关，制定行政法规是国务院领导全国行政工作的一种重要手段。

第四，部门规章。国务院各部、委员会等具有行政管理职能的机构，可以根据法律和国务院的行政法规以及决定和规定等，在本部门的权限范围内制定部门规章。部门规章规定事项的目的在于执行法律或国务院行政法规特定事项。

第五，地方政府规章。省、直辖市和自治区以及省、自治区人民政府所在城市或由国务院指定城市的人民政府．可以根据法律、行政法规和本省、自治区、直辖市的地方性法规，制定在其行政区范围内普遍适用的规则。

第六，技术标准（规范）。实行技术标准（规范）的管理，技术标准（规范）的制定属于技术立法的范畴。技术标准（规范）包括国家标准（规范）、地方标准（规范）和行业标准（规范）。

对城乡规划法规体制的理解必须从两个维度展开：第一，从城乡规划专业角度来看与核心法之间的关系如何；第二，从一般性法律规范角度来看，该法律规范属于哪一类。

2. 主干法

城乡规划法是城乡规划领域的主干法。

（1）城乡规划法的法律地位与作用

城乡规划法是约束城乡规划行为的准绳，是各级城乡规划行政主管部门行政的法律依据，也是城乡规划编制和各项建设必须遵守的行为准则。是由全国人民代表大会及其常务委员会通过，并由国家主席签署发布的城乡规划领域的基本法，在城乡规划法规体系中拥有最高的法律效力。是制定规范其他层次的城乡规划法规与规章的法律依据。根据各种具体实际情况，该法确定的原则和规范可以通过体系内各层次的法律法规进行细化和落实。但是，城乡规划法规体系内的这些下位法律规范不得违背城乡规划法确定的原则和规范。

人民法院审理行政案件，以事实为依据，以法律为准绳。在城乡规划行政领域，城乡规划法就是人民法院审理城乡规划行政诉讼案件时的法律依据，即该法是人民法院审理和裁判被诉有关城乡规划具体行政行为的合法性和适当性的标准与准绳。

（2）城乡规划法的基本框架

全面定义与界定了城乡规划行政的各个维度：

①城乡规划的制定，主要界定了各类法定规划的编制主体与审批主体、主要编制内容，以及各自的审批程序。

②城乡规划的实施，不仅强调了新区开发和建设，旧城区改建，历史文化名城、名镇、名村保护和风景名胜区周边建设中的城乡规划实施要点，还详细界定了一书两证的适用条件以及申请与受理程序。

③城乡规划的修改，主要规定了各类法定城乡规划修改的前提和审批程序。

④监督检查，主要阐述了城乡规划编制、审批、实施、修改等环节的监督检查主体以及有权采取的相应措施。

⑤法律责任，主要阐述了违反本法相关规定的组织和责任人应当承担的法律责任。

3. 从属法规与专项法规

作为城乡规划领域的主干法，必然需要一系列的从属法规和专项法规进行落实和补充。从城乡规划行政管理角度出发，城乡规划法规体系的从属法规和专项法规主要在几个重要维度展开，对城乡规划的若干重要领域进行了深入细致的界定，包括：城乡规划管理、城乡规划组织编制和审批管理、城乡规划行业管理、城乡规划实施管理以及城乡规划实施监督检查管理。上述具体某一维度内部又可能由不同类型的若干法律法规组成，它们反映了特定地方政府或国家行政部门对特定城乡规划问题的意愿和原则。

第一，行政法规。主要是国务院根据宪法和相关法律制定的关于城乡规划特定领域的法律性文件。

第二，地方性法规。主要是特定地方人民代表大会及其常务委员会根据本行政区域的具体情况和实际需求制定的城乡规划领域的地方性法规。

第三，部门规章。中华人民共和国住房和城乡建设部（以下简称住房城乡建设部）是国家层面的城乡规划行政主管部门。原建设部（住房城乡建设部的前身）制定了一系列的城乡规划部门规章。原建设部还会同国务院其他相关部门共同制定发布了一些与城乡规划关系紧密的部门规章。

第四，地方政府规章。省、自治区、直辖市和较大的市的人民政府可以制定城乡规划方面的地方规章。

第五，城乡规划技术标准（规范）。城乡规划技术标准与技术规范是城乡规划行政的重要技术性依据，也是城乡规划行政管理具有合法性的客观基础。它们所规范的主要是城乡规划内部的技术行为，它们的内容应当覆盖城乡规划过程中所有的、一般化的技术性行为，也就是在城乡规划编制和实施过程中具有普遍规律性的技术依据。目前国家已经颁布了大量的城乡规划技术标准（规范），涉及城市规划基本术语、城市用地分类与规划建设用地、城市居住区规划设计、城市道路、城市排水、城市给水、城市供电、工程管线、风景名胜区规划等城乡规划的多个领域。技术标准与规范同样包括国家和地方两个层次，地方性的技术标准可以根据行政区域内的具体条件作出相应的修正。

4. 相关法

与城乡规划相关的法律法规覆盖法律法规体系的各个层面，涉及土地与自然资源保护与利用、历史文化遗产保护、市政建设等众多领域．是城乡规划活动在涉及相关领域时的重要依据。同时，城乡规划作为政府行为，还必须符合国家行政程序法律的有关规定。

（二）现行城乡规划行政系统

行政作为一种管理活动，包括城乡规划管理活动，必须具备一系列的要素，管理主体就是构成管理活动的要素之一。管理主体是管理活动中具有决定性影响的要素，一切管理活动都要通过管理主体发挥作用。

1. 各级城乡规划行政主管部门的设置

城乡规划管理是在国家行政制度框架内实施的一项管理工作，城乡规划行政体系由不同层次的城乡规划行政主管部门组成，即国家城乡规划行政主管部门；省、自治区、直辖市城乡规划行政主管部门；城、镇城乡规划行政主管部门。

具体来说国家城乡规划行政主管部门为中华人民共和国住房和城乡建设部，具体工作由其内设机构城乡规划司负责；省、自治区城乡规划行政主管部门为省、自治区的住房和城乡建设厅（有些省、自治区为建设厅），具体工作由其内设机构城乡规划处负责；直辖市城乡规划行政主管部门为市规划局；市、县的城乡规划行政主管部门为市、县规划局（或建委、建设局）。另外，根据各城市行政事权界定的不同，城乡规划主管部门可能有不同的称谓，典型的如上海市的城乡规划行政主管部门为上海市规划和国土资源管理局。

2. 城乡规划主管部门的职权

各级城乡规划行政主管部门分别对各自行政辖区的城乡规划工作依法进行管理；各级城乡规划行政主管部门对同级政府负责；上级城乡规划行政主管部门对下级城乡规划行政主管部门进行业务指导和监督。

城市城乡规划行政主管部门拥有以下职权：

第一，行政决策权。即城乡规划行政主管部门有权对其具有管辖权的管理事项作出决策，如核发一书两证。

第二，行政决定权。即城乡规划行政主管部门依法对管理事项的处理权，以及法律、法规、规章中未明确规定事项的规定权。前者如对建设用地的使用方式作出调整；后者如制定管理需要的规范性文件或依法对某些规定内容的执行作出行政解释。

第三，行政执行权。即城乡规划行政主管部门依据法律、法规和规章的规定，或者上级部门的决定等在其行政辖区内具体执行的管理事务的权力。如贯彻执行以法律程序批准的城乡规划。

（三）现行城乡规划技术系统

1. 法定规划体系

所称城乡规划包括城镇体系规划、城市规划、镇规划、乡规划和村庄规划。城市规划、镇规划分为总体规划和详细规划。详细规划分为控制性详细规划和修建性详细规划。根据战略性和实施性城乡规划二元划分的标准，各种城镇体系规划都是战略性规划；对于城市而言，城市（镇）总体规划是战略性规划。

2. 规划依据

（1）上位规划

城乡规划是对一定地域空间的规划。依法制定的上一层次规划的控制力大于下一层次规划的控制力，城乡规划的制定必须以上一层次的规划为依据。编制城市总体规划应当以全国城镇体系规划、省域城镇体系规划以及其他上层次法定规划为依据。编制城市控制性详细规划，应当依据已经依法批准的城市总体规划或分区规划，考虑相关专项规划的要求。编制城市修建性详细规划，应当依据已经依法批准的控制性详细规划。

（2）国民经济和社会发展规划

城乡规划是在空间上对城乡各项事业的发展所作的统筹安排，而城乡各项事业的发展又是由国民经济和社会发展规划所确定的。城市总体规划、镇总体规划以及乡规划和村庄规划的编制，应当依据相应的国民经济和社会发展规划。

（3）城乡规划相关法律规范和技术标准（规范）

城市规划编制单位应当严格依据法律、法规的规定编制规划，提交的规划成果应当符合本办法和国家有关标准。编制城市规划，应当遵守国家有关标准和技术规范，采用符合国家有关规定的基础资料。

（4）国家政策

城乡规划是落实国家政策的重要工具，制定和实施城乡规划，应当遵循城乡统筹、合理布局、节约土地、集约发展和先规划后建设的原则，改善生态环境，促进资源、能源节约和综合利用，保护耕地等自然资源和历史文化遗产，保持地方特色、民族特色和传统风貌，防止污染和其他公害，并符合区域人口发展、国防建设、防灾减灾和公共卫生、公共安全的需要。这些中央政府所珍视的价值观是各层级城乡规划编制的重要方针。

（5）城市政府及其城乡规划主管部门的指导意见

对城市土地使用的调控是城市政府实现其愿景的重要工具，所以城市政府及其城乡规划主管部门非常重视各类城乡规划对城市各种事业发展的空间安排。

（四）现行城乡规划运作体制

城乡规划运作体制的核心是程序合法、依据合法。

1. 开发控制制度

城市规划运作实施一书两证制度，即建设项目选址意见书、建设用地规划许可证和建设工程规划许可证。乡村规划运作实施规划许可证制度，开发控制程序和要求在城市规划区和乡、村庄规划区有所不同。

（1）对于城市规划区

①建设项目选址意见书申请阶段。

按照国家规定需要有关部门批准或者核准的建设项目以划拨方式提供国有土地使用权的，建设单位在报送有关部门批准或者核准前，应当向城乡规划主管部门申请核发选址意见书。县人民政府（地级市、县级市、直辖市、计划单列市）计划行政主管部门审批的建设项目，由该人民政府城市规划行政主管部门核发选址意见书；省、自治区人民政府计划行政主管部门审批的建设项目由项目所在地县、市人民政府城市规划行政主管部门提出审查意见，报省、自治区人民政府城市规划行政主管部门核发选址意见书；中央各部门、各公司审批的小型和限额以下的建设项目，由项目所在地县、市人民政府城市规划行政主管部门核发选址意见书；国家审批的大中型和限额以上的建设项目，由项目所在地县、市人民政府城市规划行政主管部门提出审查意见，报省、自治区、直辖市、计划单列市人民政府城市规划行政主管部门核发选址意见书并报国务院城市规划行政主管部门备案。但是，上述项目以外的建设项目不需要申请选址意见书。

②建设用地规划许可证申请阶段。

在城市、镇规划区内以划拨方式提供国有土地使用权的建设项目，经有关部门批准、核准、备案后，建设单位应当向城市、县人民政府城乡规划主管部门提出建设用地规划许可申请，由城市、县人民政府城乡规划主管部门依据控制性详细规划核定建设用地的位置、面积、允许建设的范围，核发建设用地规划许可证。

在城市、镇规划区内以出让方式提供国有土地使用权的，在国有土地使用权出让前，城市、县人民政府城乡规划主管部门应当依据控制性详细规划提出出让地块的位置、使用性质、开发强度等规划条件，作为国有土地使用权出让合同的组成部分。在签订国有土地使用权出让合同后，建设单位应当持建设项目的批准、核准、备案文件和国有土地使用权出让合同，向城市、县人民政府城乡规划主管部门领取建设用地规划许可证。

③建设工程规划许可证申请阶段。

在城市、镇规划区内进行建筑物、构筑物、道路、管线和其他工程建设的建设单位或者个人，应当向城市、县人民政府城乡规划主管部门或者省、自治区、直辖市人民政府确定的镇人民政府申请办理建设工程规划许可证。申请办理建设工程规划许可证，应当提交使用土地的有关证明文件、建设工程设计方案等材料。需要建设单位编制修建性详细规划的建设项目，还应当提交修建性详细规划。对符合控制性详细规划和规划条件的，由城市、县人民政府城乡规划主管部门或者省、自治区、直辖市人民政府确定的镇人民政府核发建设工程规划许可证。

（2）对于乡、村庄规划区

在乡、村庄规划区内进行乡镇企业、乡村公共设施和公益事业建设的，建设单位或者个人应当向乡、镇人民政府提出申请，由乡、镇人民政府报市、县人民政府城乡规划主管部门核发乡村建设规划许可证。

2. 开发控制的依据

城乡规划行政主管部门在实施城乡规划时的依据主要有：法律规范依据、城乡规划依据、技术规范依据和政策依据。

第一，法律规范依据。城乡规划实施必须贯彻城乡规划法及其配套法规和相关法律法规；遵循当地由省、自治区和直辖市依法制定的城乡规划地方性法规、政府规章和其他规范性文件。

第二，城乡规划依据。城市、县人民政府城乡规划主管部门不论是核发建设用地规划许可证，还是建设工程规划许可证，都将控制性详细规划作为最为重要的依据。

第三，技术规范、标准依据。包括国家制定的城乡规划技术规范、标准；城乡规划行业制定的技术规范、标准；各省、自治区、直辖市根据国家技术规范编制的地方性技术规范、标准。

第四，政策依据。城乡规划运作是行政管理工作。各级人民政府根据经济社会发展的实际情况，为城市建设和管理需要制定的各项政策也是城乡规划运作的依据。

第二节 城镇体系规划

一、城镇体系规划的作用与任务

（一）城镇体系的概念与演化规律

1. 城镇体系的概念

任何一个城市都不可能孤立地存在，城市与城市之间、城市与外部区域之间总是在不断地进行着物质、能量、人员、信息等各种要素的交换与相互作用。正是这种相互作用才把区域内彼此分离的城市（镇）结合为具有特定结构和功能的有机整体即城镇体系。简言之，城镇体系指在一个相对完整的区域或国家中由一系列不同职能分工、不同等级规模、空间分布有序的城镇所组成的联系密切、相互依存的城镇群体。一定区域内在经济、社会和空间发展上具有有机联系的城市群体。这个概念有以下几层含义。

第一，城镇体系是以一个相对完整区域内的城镇群体为研究对象，不同的区域有不同的城镇体系。

第二，城镇体系的核心是中心城市，没有一个具有一定经济社会影响力的中心城市，就不可能形成有现代意义的城镇体系。

第三，城镇体系是由一定数量的城镇所组成的。城镇之间存在着性质、规模和功能方面的差别，即各城镇都有自己的特色，而这些差别和特色则是依据各城镇在区域发展条件的影响和制约下，通过客观的和人为的作用而形成的区域分工产物。

第四，城镇体系最本质的特点是相互联系，从而构成一个有机整体。如果仅仅是在一定区域空间内分布着大小不等而缺乏相互联系的城镇，这只是一种商品经济不发达时期城镇群体的空间形态，而不是有机整体。

2. 区域城镇体系演变的基本规律

城镇体系是区域城镇群体发展到一定阶段的产物，也是区域社会经济发展到一定阶段的产物。因此，城镇体系存在着一个形成—发展—成熟的过程。

按社会发展阶段划分，城镇体系的演化和发展阶段可以分为：前工业化阶段（农业社会），以规模小、职能单一、孤立分散的低水平均衡分布为特征；工业化阶段，以中心城市发展集聚为表征的高水平不均衡分布为特征；工业化后期至后工业化阶段（信息社会），以中心城市扩散，各种类型城市区域（包括城市连绵区、城市群、城市带、城市综合体等）的形成，各类城镇普遍发展，区域趋向于整体性城镇化的高水平均衡分布为特点。简单地说，城镇体系的组织结构演变经历了低水平均衡阶段、极核发展阶段、扩散阶段和高水平均衡阶段等。

从空间演化形态看，区域城镇体系的演化一般会经历点、轴、网的逐步演化过程。

第一，点、轴形成前的均衡阶段，区域是比较均质的空间，社会经济客体虽说呈有序状态的分布，但却是无组织状态，这种空间无组织状态具有极端的低效率。

第二，点、轴同时开始形成，区域局部开始有组织状态，区域资源开发和经济进入动态增长时期。

第三，主要的点、轴系统框架形成，社会经济发展迅速，空间结构变动幅度大。

第四，点、轴、网空间结构系统形成，区域进入全面有组织状态，它的形成是社会经济要素长期自组织过程的结果，也是科学的区域发展政策和计戈叭规划的结果。

3. 全球化时代城镇体系的新发展

当前，世界城市发展的重要特点是全球城市化与城市全球化。21世纪，全球已迈入城市时代，城市化人口达到50%，城市正在成为整个社会的主体。以城市为中心，组织、带动、服务于整个社会已是明显的时代特征。世界城市体系正在形成，城市间的等级职能正以新的国际劳动地域分工规则进行重组。新的国际劳动分工不同于传统的以产业和产品分工为中心的、水平分工的国际劳动地域分工，其特点是以市场为导向、以跨国公司为核心的经济活动全过程中各个环节（管理策划、研究开发、生产制造、流通销售等）的垂直功能分工。

在全球时代，城市等级系统取决于各个城市参与全球经济社会活动的地位与程度，以及占有、处理和支配资本和信息的能力，城市职能结构应以各城市在经济活动组织中的地位分工为依据。在全球化背景下，城镇体系研究也出现了一些新的概念，例如城市连绵区、城市地带、城市群、都市圈等，这些都是用来研究城市化空间形式的概念，是地域城市化的特殊空间表现形式，是城市和乡村一种特殊的社会经济相互作用力的结果。事实上，城市连绵区、城市地带和城市群内都形成了特定的城镇体系。

（二）城镇体系规划的地位与作用

1. 城镇体系规划的地位

城镇体系规划旨在一定地域范围内妥善处理各城镇之间、单个或数个城镇与城镇群体之间以及群体与外部环境之间的关系，以达到地域经济、社会、环境效益最佳的发展。

一定地域范围内，以区域生产力合理布局和城镇职能分工为依据，确定不同人口规模等级和职能分工的城镇的分布和发展规划。具体说，城镇体系规划是以地域分工为原则，根据工业、农业和交通运输及文化科技等事业的发展需要，在分析各城镇的历史沿革、现状条件的基础上，明确各城镇在区域城镇体系中的地位和分工协作关系，确定其城镇的性质、类型、级别和发展方向，使区域内各城镇形成一个既有明确分工，又能有机联系的大、中、小城镇相结合和协调发展的有机结构。

近年来，城镇体系规划的重要性日益显著。国务院城乡规划主管部门会同国务院有关部门组织编制全国城镇体系规划，用于指导省域城镇体系规划、城市总体规划的编制。为了进一步发挥城镇对经济社会发展的重要推动作用，提高参与国际竞争的能力，逐步改变城乡二元结构，实现区域协调发展。

形成了由城镇体系规划、城市总体规划、分区规划、控制性详细规划和修建性详细规划等所组成的比较完整的空间规划系列。虽然从理论上讲，城镇体系规划属于区域规划的一个部分，但是由于历史的原因，在城乡规划编制体系中，城镇体系规划事实上长期扮演着区域性规划的角色，具有区域性、宏观性、总体性的特征，尤其是对城乡总体规划起着重要的指导作用。全国城镇体系规划用于指导省域城镇体系规划；全国城镇体系规划和省域城镇体系规划是城市总体规划编制的法定依据。市域城镇体系规划则作为城市总体规划的一部分，为各城镇总体规划的编制提供区域性依据，其重点是从区域经济社会发展的角度研究城市定位和发展战略，按照人口与产业、就业岗位的协调发展要求，控制人口规模、提高人口素质，按照有效配置公共资源、改善人居环境的要求，充分发挥中心城市的区域辐射和带动作用，合理确定城乡空间布局，促进区域经济社会全面、协调和可持续发展。

2. 城镇体系规划的主要作用

城镇体系规划一方面需要合理地解决体系内部各要素之间的相互联系及相互关系，另一方面又需要协调体系与外部环境之间的关系。作为致力于追求体系整体最佳效益的城镇体系规划，其作用主要体现在区域统筹协调发展上。

第一，指导总体规划的编制，发挥上下衔接的功能。城镇体系规划是城市总体规划的一个重要基础，城市总体规划的编制要以全国城镇体系规划、省域城镇体系规划等为依据。编制城镇体系规划是在考虑了与不同层次的法定规划协调后制定的，对于实现区域层面的规划与城市总体规划的有效衔接意义重大。

第二，全面考察区域发展态势，发挥对重大开发建设项目及重大基础设施布局的综合指导功能。重大基础设施的布局通常需要从区域层面进行考虑，城镇体系规划可以避免就城市论城市的思想，综合考察区域发展态势，从区域整体效益最优化的角度实现重大基础设施的合理布局，包括对基础设施的布局和建设时序的调控。

第三，综合评价区域发展基础．发挥资源保护和利用的统筹功能。城镇体系规划中一个很重要的内容是明确区域内哪些地方可以开发、哪些地方不可开发，或者哪些地方的开发建设将对生态环境造成影响而应限制开发等。综合评价区域发展基础，统筹区域资源的保护和利用．实现区域的可持续发展是城镇体系规划的一项重要职责。

第四，协调区域城市间的发展，促进城市之间形成有序竞争与合作的关系。城镇体系规划通过对区域内城市的空间结构、等级规模结构、职能组合结构及网络系统结构等进行协调安排，根据各城市的发展基础与发展条件，从区域整体优化发展的角度指导区域内城市的发展，从而避免区域内城市各自为战～促进区域的整体协调发展。

二、城镇体系规划的编制

（一）城镇体系规划的编制原则

1. 城镇体系规划的类型

第一，按行政等级和管辖范围，可以分为全国城镇体系规划、省域（或自治区域、直辖市）城镇体系规划、市域（包括其他市级行政单元）城镇体系规划等。

第二，根据实际需要，还可以由共同的上级人民政府组织编制跨行政区域的城镇体系规划。

第三，随着城镇体系规划实践的发展，在一些地区也出现了衍生型的城镇体系规划类型，例如都市圈规划、城镇群规划等。

2. 城镇体系规划编制的基本原则

城镇体系规划是一个综合的多目标规划，涉及社会经济各个部门、不同空间层次乃至不同的专业领域。因此，在规划过程中应贯彻以空间整体协调发展为重点，促进社会、经济、环境的持续协调发展的原则。

（1）因地制宜的原则

一方面城镇体系规划应该与国家社会经济发展目标和方针政策相符，符合国家有关发展政策，与国土规划、土地利用总体规划等其他相关法定规划相协调；另一方面又要符合地方实际、城市发展的特点，具有可行性。

（2）经济社会发展与城镇化战略互相促进的原则

经济社会发展是城镇化的基础，城镇化又对经济发展具有极大的促进作用，城镇体系规划应把两者紧密地结合起来。

第一，把产业布局、资源开发、人口转移等与城镇化进程紧密联系起来，把经济社会发展战略与城镇体系规划之间紧密结合起来。

第二，城镇化战略要以提高经济效益为中心，充分发挥中心城市、重点城镇的作用，带动周围地区的经济发展。

（3）区域空间整体协调发展的原则

从区域整体的观念出发，协调不同类型空间开发中的问题和矛盾，通过时空布局强化分工与协作，以期取得整体大于局部的优势。有效协调各个城市在城市规模、发展方向以及基础设施布局等方面的矛盾，有利于城乡之间、产业之间的协调发展，避免重复建设。中心城市是区域发展的增长级，城镇体系规划应发挥特大城市的辐射作用，带动周边地区发展，实现区域整体的优化发展。

（4）可持续发展的原则

区域可持续发展的实质是在经济发展过程中，要兼顾局部利益和全局利益、眼前利益和长远利益，要充分考虑到自然资源的长期供给能力和生态环境的长期承受能力，在确保区域社会经济获得稳定增长的同时，自然资源得到合理开发利用，生态环境保持良性循环。在城镇体系规划中，要把人口、资源、环境与发展作为一个整体来加以综合考虑，加强自然与人文景观的合理开发和保护，建立可持续发展的经济结构，构建可持续发展的空间布局框架。

（二）城镇体系规划的编制内容

1. 全国城镇体系规划编制的主要内容

国务院城乡规划主管部门有责任组织编制全国城镇体系规划，指导全国城镇的发展和跨区域的协调。全国城镇体系规划是统筹安排全国城镇发展和城镇空间布局的宏观性、战略性的法定规划，是国家制定城镇化政策、引导城镇化健康发展的重要依据，也是编制、审批省域城镇体系规划和城市总体规划的依据，有利于加强中央政府对城镇发展的宏观调控。城镇作为社会经济发展的主要空间载体，其规划必然涵盖社会经济等诸多方面。因此，从某种意义上看，全国城镇体系规划就是国家层面的空间规划。

全国城镇体系规划的主要内容是：

（1）明确国家城镇化的总体战略与分期目标

落实以人为本、全面协调可持续的科学发展观，按照循序渐进、节约土地、集约发展、合理布局的原则，积极稳妥地推进城镇化与国家中长期规划相协调，确保城镇化的有序和健康发展。根据不同的发展时期制定相应的城镇化发展目标和空间发展重点。

（2）确立国家城镇化的道路与差别化战略

针对城镇化和城镇发展的现状，从提高国家总体竞争力的角度分析城镇发展的需要，从多种资源环境要素的适宜承载程度来分析城镇发展的可能，提出不同区域差别化的城镇化战略。

（3）规划全国城镇体系的总体空间格局

构筑全国城镇空间发展的总体格局并考虑资源环境条件、人口迁移趋势、产业发展等因素，分省区或分大区域提出差别化的空间发展指引和控制要求，对全国不同等级的城镇与乡村空间重组提出导引。

（4）构架全国重大基础设施支撑系统

根据城镇化的总体目标，对交通、能源、环境等支撑城镇发展的基础条件进行规划。尤其要关注自然生态系统的保护，它们事实上也是国家空间总体健康、可持续发展的重要支撑。

（5）特定与重点地区的规划

全国城镇体系规划中确定的重点城镇群、跨省城镇发展协调地区、重要江河流域、湖泊地区和海岸带等，在提升国家参与国际竞争的能力、协调区域发展和资源保护方面具有重要的战略意义。根据实施全国城镇体系规划的需要，国家可以组织编制上述地区的城镇协调发展规划，组织制定重要流域和湖泊的区域城镇供水排水规划等．切实发挥全国城镇体系规划指导省域城镇体系规划、城市总体规划编制的法定作用。

2．省域城镇体系规划编制的主要内容

省域城镇体系规划是各省、自治区经济社会发展目标和发展战略的重要组成部分，也是省、自治区人民政府实现经济社会发展目标，引导区域城镇化与城市合理发展，协调和处理区域中各城市发展的矛盾和问题，合理配置区域空间资源，防止重复建设的手段和行动依据，对省域内各城市总体规划的编制具有重要的指导作用。同时，省域城镇体系规划也是落实国家总体发展战略，中央政府用以调控各省区城镇化与城镇发展、合理配置空间资源的重要手段和依据。

（1）编制省域城镇体系规划时的原则

第一，符合全国城镇体系规划，与全国城市发展政策相符，与国土规划、土地利用总体规划等其他相关法定规划相协调。

第二，协调区域内各个城市在城市规模、发展方向以及基础设施布局等方面的矛盾，有利于城乡之间、产业之间的协调发展，避免重复建设。

第三，体现国家关于可持续发展的战略要求，充分考虑水、土地资源和环境的制约因素和保护耕地的方针。

第四，与周边省（自治区、直辖市）的发展相协调。

省域城镇体系规划要立足省、自治区政府的事权，明确本省、自治区城镇发展战略，明确重点地区的城镇发展、重要基础设施的布局和建设、生态建设和资源保护的要求；明确需要由省、自治区政府协调的重点地区（跨市县的城镇密集地区）和重点项目，并提出协调的原则、标准和政策。为省、自治区政府审批城市总体规划、县域城镇体系规划和基础设施建设提供依据。省、自治区政府可以根据实施省域城镇体系规划的需要和已批准的省域城镇体系规划，组织制定城镇密集地区、重点资源和生态环境保护区域和其他地区的城镇发展布局规划．深化、细化省域城镇体系规划的各项要求。

（2）省域城镇体系规划的核心内容

第一，制定全省（自治区）城镇化和城镇发展战略，包括确定城镇化方针和目标。确定城市发展与布局战略。

第二，确定区域城镇发展用地规模的控制目标。省域城镇体系规划应依据区域城镇发展战略，参照相关专业规划，对省域内城镇发展用地的总规模和空间分布的总趋势提出控制目标；并结合区域开发管制区划，根据各地区的土地资源条件和省域经济社会发展的总体部署，确定不同地区、不同类型城镇用地控制的指标和相应的引导措施。

第三，协调和部署影响省域城镇化与城市发展的全局性和整体性事项，包括确定不同地区、不同类型城市发展的原则性要求，统筹区域性基础设施和社会设施的空间布局和开发时序；确定需要重点调控的地区。

第四，确定乡村地区非农产业布局和居民点建设的原则，包括确定农村剩余劳动力转化的途径和引导措施，提出农村居民点和乡镇企业建设与发展的空间布局原则，明确各级、各类城镇与周围乡村地区基础设施统筹规划和协调建设的基本要求。

第五，确定区域开发管制区划。从引导和控制区域开发建设活动的目的出发，依据区域城镇发展战略，综合考虑空间资源保护、生态环境保护和可持续发展的要求，确定规划中应优先发展和鼓励发展的地区，需要严格保护和控制开发的地区，以及有条件地许可开发的地区，并分别提出开发的标准和控制的措施．作为政府进行开发管理的依据。

第六，按照规划提出的城镇化与城镇发展战略和整体部署．充分利用产业政策、税收和金融政策、土地开发政策等政策手段．制订相应的调控政策和措施，引导人口有序流动，促进经济活动和建设活动健康、合理、有序的发展。

3. 市域城镇体系规划编制的主要内容

第一，为了贯彻落实城乡统筹的规划要求，协调市域范围内的城镇布局和发展，在制定城市总体规划时，应制定市域城镇体系规划。市域城镇体系规划属于城市总体规划的一部分，编制市域城镇体系规划的目的主要有。

①贯彻城镇化和城镇现代化发展战略，确定与市域社会经济发展相协调的城镇化发展途径和城镇体系网络。

②明确市域及各级城镇的功能定位，优化产业结构和布局，对开发建设活动提出鼓励或限制的措施。

③统筹安排和合理布局基础设施，实现区域基础设施的互利共享和有效利用。

④通过不同空间职能分类和管制要求，优化空间布局结构，协调城乡发展，促进各类用地的空间集聚。

第二，市域城镇体系规划应当包括下列内容：

①提出市域城乡统筹的发展战略。其中，位于人口、经济、建设高度聚集的城镇密集地区的中心城市，应当根据需要提出与相邻行政区域在空间发展布局、重大基础设施和公共服务设施建设、生态环境保护、城乡统筹发展等方面进行协调的建议。

②确定生态环境、土地和水资源、能源、自然和历史文化遗产等方面的保护与利用的综合目标和要求，提出空间管制原则和措施。

③预测市域总人口及城镇化水平，确定各城镇人口规模、职能分工、空间布局和建设标准。

④提出重点城镇的发展定位、用地规模和建设用地控制范围。

⑤确定市域交通发展策略，原则确定市域交通、通信、能源、供水、排水、防洪、垃圾处理等重大基础设施、重要社会服务设施的布局。

⑥在城市行政管辖范围内，根据城市建设、发展和资源管理的需要．划定城市规划区。

⑦提出实施规划的措施和有关建议。

4. 城镇体系规划的强制性内容

城镇体系规划的强制性内容应包括：

第一，区域内必须控制开发的区域。包括自然保护区、退耕还林（草）地区、大型湖泊、水源保护区、分滞洪地区、基本农田保护区、地下矿产资源分布地区，以及其他生态敏感区等。

　　第二，区域内的区域性重大基础设施的布局。包括高速公路、干线公路、铁路、港口、机场、区域性电厂和高压输电网、天然气门站、天然气主干管、区域性防洪、滞洪骨干工程、水利枢纽工程、区域引水工程等。

　　第三，涉及相邻城市、地区的重大基础设施布局。包括取水口、污水排放口、垃圾处理场等。

第二章

城市工程系统规划

第一节 城市工程系统规划概述

一、城市基础设施

（一）城市基础设施的概念

基础设施的原意是下部构造，用来表示对上部构造起支撑作用的基础。城市基础设施最初是泛指由国家或各种公益部门建设经营，为社会生活和生产提供基本服务和一般条件的非营利性行业和设施。虽然城市基础设施是社会发展不可或缺的生产和经济活动，但不直接创造最终产品，所以又被称为社会一般资本或间接收益资本。

城市规划基本术语标准将城市基础设施定义为城市生存和发展所必须具备的工程性基础设施和社会性基础设施的总称了。

实际上，虽然城市基础设施这一概念提出的时间较短，但是其所指的内容却具有几乎与城市同样长的历史。从中国古代乡村小镇的青石板路，到明清北京紫禁城中的排水暗沟系统，这些都是城市基础设施的典型实例。

由此，可以看出城市基础设施实际上是维持城市正常运转的最为基础的硬件设施以及相应的最基本的服务。这些设施的建设与运营带有很强的公共性，通常由城市政府或公益性团体直接承担或进行强有力的监管。

（二）城市基础设施的分类与范畴

有关城市基础设施的分类及其所包括的范畴不尽相同。例如，将城市基础设施分为：物质性基础设施；制度体制方面的基础设施；个人方面的基础设施。或是分为：公共服务性设施（包括教育、卫生保健、交通运输、司法、休憩等设施）；生产性设施（包括能源供给、消防、固体废弃物处理、电信、给水及污水处理系统等）。

按照城市规划基本术语标准对城市基础设施的定义，城市基础设施主要包括工程性基础设施（或称技术性基础设施）与社会性基础设施两大类。工程性基础设施主要包括城市的道路交通系统、给排水系统、能源供给系统、通信系统、环境保护与环境卫生系统以及城市防灾系统等，又被称为狭义的城市基础设施。社会性基础设施则包括行政管理、基础性商业服务、文化体育、医疗卫生、教育科研、社会福利以及住房保障等。由此可见，城市基础设施渗透于城市社会生活的各个方面，对城市的存在与发展起着重要的作用。城市规划与这两大类基础设施的规划与建设均有着密切的关系。对于社会性基础设施，城市规划的主要任务是确定合理的布局、确保其用地的落实和不被其他功能所侵占；而对于工程性基础设施，城市规划则需要针对各个系统作出详细具体的规划安排并落实其实施措施。由于工程性基础设施的规划设计与建设具有较强的工程性和技术性特点，因此又被称为城市工程系统规划。

二、城市工程系统规划的任务和内容

（一）城市工程系统规划的构成

城市工程系统规划是指针对城市工程性基础设施所进行的规划，是城市规划中专业规划的组成部分，或者是单系统（如城市给水系统）的工程规划。城市工程系统规划包括。

第一，城市交通工程系统规划（包括对外交通与城市道路交通）。

第二，城市给排水工程系统规划（包括给水工程与排水工程）。

第三，城市能源供给工程系统规划（包括供电工程、燃气工程及供热工程）。

第四，城市电信工程系统规划。

第五，城市环保环卫工程系统规划（包括环境保护工程与环境卫生工程）。

第六，城市减灾工程系统规划。

第七，城市工程管线综合规划。

（二）城市工程系统规划的任务

城市工程系统规划的任务可分为总体上的任务以及各个专项系统本身的任务。从总体上说，城市工程系统的任务就是根据城市社会经济发展目标，同时结合各个城市的具体情况，合理地确定规划期内各项工程系统的设施规模、容量，对各项设施进行科学合理的布局，并制订相应的建设策略和措施。而各专项系统规划的任务则是根据该系统所要达到的目标，选择确定恰当的标准和设施。例如，对于供电工程而言，该工程系统规划需要预测城市的用电量、用电负荷作为规划的目标，在电源选择，输配电设施规模、容量、电压等要素的确定以及输配电网络与变配电设施的布局等方面作出相应的安排。城市工程系统规划所包含的专业众多，涉及面广，专业性强，同时各专业之间需要协调与配合。此外，城市工程系统规划更多地侧重于各项工程性城市基础设施的建设与实施，有着相对确定的建设目标和建设主体。因此，从本质上来看，城市工程系统规划基本上是一种修建性的规划，与土地利用规划等城市规划的其他组成部分有所不同。

（三）城市工程系统规划的层次

城市工程系统规划一方面可以作为城市规划的组成部分，形成不同空间层次与详细程度的规划，例如城市总体规划中的工程系统规划、详细规划中的工程系统规划；另一方面，也可以针对组成工程系统整体的各个专项系统，单独编制该系统的工程规划，如城市供电系统的规划。各专项规划中又包含不同层面和不同深度的规划内容。此外，对这些专项规划进行综合与协调又形成了综合性的城市工程系统规划。这些不同层次、不同深度、不同类型、不同专业的城市工程系统规划构成了一个纵横交错的网络。

通常，各专项规划由相应的政府部门组织编制，作为行业发展的依据。城市规划在吸取各专项规划内容的基础上，对各个系统进行协调，并将各种设施用地落实到城市空间中。

（四）城市工程系统规划的一般规律

构成城市工程系统的各个专项系统繁多，内容复杂，各专项系统又具有各自在性能、技术要求等方面的特点。因此，各专项规划无论是其内容还是要解决的主要矛盾各不相同。但是，作为城市规划组成部分的各专项系统规划之间又存在着某些共性和具有普遍性的规律。

第一，各专项系统规划的层次划分与编制的顺序基本相同，并与相应的城市规划层次相对应。即在拟定工程系统规划建设目标的基础上，按照空间范围的大小和规划内容的详细程度，依次分为。

①城市工程系统总体规划。

②城市工程系统详细规划。

第二，各专项规划的工作程序基本相同，依次为：

①对该系统所应满足的需求进行预测分析。

②确定规划目标，并进行系统选型。

③确定设施及管网的具体布局。

第二节 城市给水排水工程系统规划

城市给水排水工程系统包含了城市给水王程系统与城市排水工程系统。

一、城市给水工程系统规划

城市给水工程系统规划的主要环节与步骤如下：

第一，预测城市用水量。

第二，确定城市给水规划目标。

第三，城市给水水源规划。

第四，城市给水网络与输配设施规划。

第五，估算工程造价等。

（一）城市用水量预测

城市用水主要包括生活用水、生产用水、市政用水（例如道路保洁、绿化养护等）、消防用水，以及包括输供水管网滴漏等在内的未预见用水等。城市用水量就是这些不同种类用水的总和。对城市用水量的预测可以转化为对其中各个分项的预测。由于城市所在地理位置、经济发展水平、生活习惯以及可供利用的水资源条件各不相同，应根据各个城市的特点。在对现状用水情况进行调研的基础上，根据城市规划确定的规划人口、产值、产业结构等因素，选用相应规范标准，最终叠加计算出城市总用水量。在现行规划设计规范标准中，与城市用水量相关的标准主要有以下几种。

1. 城市综合用水标准

中华人民共和国国家标准城市给水工程规划规范包括：城市单位人口综合用水量指标〔万立方米／（万人·天）〕、城市单位建设用地综合用水量指标〔万立方米／（平方千米·天）〕、人均综合生活用水量指标〔升／（人·天）〕、单位居住用地用水量指标〔万立方米／（平方千米·天）〕、单位公共设施用地用水量指标〔万立方米／（平方千米·天））〕、单位工业用地用水量指标〔万立方米／（平方千米·天）〕以及单位其他用地用水量指标〔万立方米／（平方千米·天）〕。

4. 消防用水量标准

有关市政用水标准，通常按照绿化浇水1.5～4.0升／（平方米·次），道路洒水1～2升／（平方米·次）计算。有关未预见用水量，按照总用水量的15%～20%计算。

对于城市用水量的预测，除根据规范，按照人均综合指标、单位用地指标或不同种类用水叠加计算外，还有一些根据城市用水量增长趋势进行计算的方法，如线性回归法、年递增率法、生长曲线法、生产函数法、城市发展增量法等。此外，城市用水量的预测只是一个平均数值，在对城市供水管网及设施进行实际规划设计时还要考虑不同季节、每天不同时段中实际用水量的变化情况。

（二）城市水源规划

城市水源规划的主要任务就是为城市寻找，选择满足一定水质要求的稳定水源。

可用作城市水源的有：以潜水为主的地下水，包括江河、湖泊、水库在内的地表水，作为淡化水源的海水以及咸水、再生水等其他一些水源。其中，地下水与地表水是城市供水的主要水源。对于城市水源的选择，规划主要从以下几个方面考虑。

第一，具有充沛、稳定的水量，可以满足城市目前及长远发展的需要。

第二，具有满足生产及生活需要的水质。相关标准如下：地面水环境质量标准、生活饮用水源水质标准、生活饮用水卫生标准、工业企业设计卫生标准。

第三，取水地点合理，可免受水体污染以及农业灌溉、水力发电、航运及旅游等其他活动的影响。

第四，水源靠近城市，尽量降低给水系统的建设与运营资金。

第五，为保障供水的安全性，大、中城市通常考虑多水源分区供水；小城市也应设置备用水源。

城市水源规划不但要满足城市供水需求，更要从战略角度做好水资源的保护与开发利用。是一个整体上缺水的国家，人均径流量仅为世界人均占有量的1/4，且在国土中的分布呈极不平衡的状况。尤其在北方地区，水资源的匮乏已经成为严重影响城市发展的制约因素。因此，除开展节约用水、水资源回收再利用以及域外引水等措施外，应对现有水资源进行严格的保护，避免其受到进一步的污染。城市规划中应按照相关标准规范的要求，划定相应的水域或陆域作为地表水与地下水的水源保护区，严禁在其中开展有悖于水质保护的各种活动。

（三）城市给水工程设施规划

城市给水工程系统包括以下环节：取水工程；净水工程；输配水工程等。

其主要任务是将自然水体获取水经过净化处理，达到使用要求后，通过输配水管网输送到城市中的用户。

各个环节的规划概要如下：

1. 取水工程设施规划

取水工程设施规划包括地下水取水构筑物与地表水取水构筑物的规划，其目的是从水源中通过取水口取到所需水量的水。地表取水口一般设置在城市上游水文条件稳定，远离排污口或其他易受污染的河段。

2. 净水工程设施规划

净水工程设施（水厂）的目的是：根据原水的水质特点，通过澄清，过滤，消毒，除臭除味，除铁、锰、氟，软化以及淡化除盐等手段，使原水达到可供饮用或生产需要的水质标准。水厂通常选在工程地质条件好、有利于防洪排涝、具有环境卫生及安全防护条件、交通方便并靠近电源的地方。水厂的用地规模一般为 $0.1\sim0.8\text{m}^2/(\text{m}^3\cdot\text{d})$。

3. 输配水工程设施规划

其任务是保障经净化处理的水输送到城市中的每个用户，通常包括输水管渠、配水管网、泵站、水塔及水池等设施。城市给水工程系统的布置形式可分为以下几种。

（1）统一给水系统

采用一个水质标准及供水系统供给生活、生产、消防等对水质、供水量要求不同的用水。其特点是系统简单，适用于小城镇及开发区等。

（2）分质给水系统

根据工业生产与居民生活对水质要求不同的特点，采用多系统、多水质标准供水的方式。其特点是可以降低净水的费用，做到水资源的优质优用，但同时会增加系统的复杂程度，适合于水资源紧缺、工业用水量大的城市。

（3）分区给水系统

将城市供水工程系统按照地域划分成几个相对独立的区。这种系统常见于地形起伏较大的城市，可以有效地降低供水管网所承受的压力。按照各个分区与总泵站的关系又可分为并联分区和串联分区。

（4）循环给水系统

循环给水系统对使用过的水经过简单处理后重复使用，仅从水源地获取少量水用于补充循环过程中消耗的水，一般用于用水大户的厂矿企业。

（5）区域性给水系统

对于流域污染严重或水资源严重匮乏地区的城市，可根据实际情况由多个城镇联合建设给水系统。

（四）城市输配水管网规划

城市输配水管网由输水管渠、配水管网以及泵站、水塔、水池等附属设施组成。其中，输水管渠的功能主要是将经过处理的水由水厂输送到给水区，其间，并不负责向具体的用户分配水量。而配水管网的任务则是将通过输水管渠输送来的水（或直接由水厂提供的水）配送至每个具体的用户。根据管线在整个供水管网中所起的作用和管径的大小，给水管可分为干管、分配管（配水管）、接户管（进户管）三个等级。给水管网的布置形式主要分为树状管网和环状管网。

1. 树状供水管网

树状供水管网是指从水厂至用户的形态呈树枝状布置。这种布置形式的特点是结构简单、管线总长度短，可节约管线材料，降低造价，但供水的安全可靠性相应降低，适于小城市建设初期采用。日后可逐渐改造成为环状供水管网系统。

2. 环状供水管网

环状供水管网系统中的管线相互联结串通，形成网状结构，其中某条管线出现问题时，可由网络中的其他环线迂回替代，因而大大增强了供水的安全可靠性。在经济条件允许的城市中应尽量采用这种方式。

以上两种给水管网的布置形式并不是绝对的，同一城市中的不同地区可能采用不同的形式。城市在发展过程中也会随着经济实力的提高，逐步将树状系统改造成环状供水管网系统。

此外，给水管网系统中还包括了泵站、水塔、水池、阀门等附属设施。在规划中也需要对其位置、容量等予以考虑。

二、城市排水工程系统规划

城市排水工程系统主要由两大部分组成：一是城市污水排放与处理系统；另一个是城市雨水排放系统，分别包括排水量估算、排水体制的选择、排水管网的布置、污水处理方式选择与设施布局，以及工程造价及经营费用估算等环节。

（一）城市排水体制

城市排水系统通常需要排放的有：

①各类民用建筑的厕所、浴室、厨房、洗衣房中排出的生活污水。

②工业生产过程中排放出的受轻度污染的工业废水和受重度污染的生产污水。

③降雨过程中产生的雨水或道路清洗、消防用后水等。其中，生活污水与生产污水需经过处理后才能排入自然水体中；雨水一般无需处理而直接排入自然水体；工业废水可经简单处理后直接重复利用，一般不宜排出。

城市排水体制是指城市排水系统针对污水及雨水所采取的排出方式,主要有采用一套系统兼用作污水、雨水排放的合流制系统,以及采用不同系统排放污水和雨水的分流制系统。在合流制排水系统中,根据系统中有无污水处理设施而进一步分为直排式合流制与截流式合流制。直流式合流制指污水在排放前不经任何处理;截流式合流制指污水需经过污水处理设施的处理,只是在降雨时大量雨水汇入同一排水管网系统,超出污水处理设施处理能力的部分直接排放。在分流制排水系统中,根据有无雨水排放管道,分为完全分流制与不完全分流制。完全分流制具有两套完整的管网系统;而不完全分流制只有污水管道系统. 雨水经过地面漫流,依靠不完整的明沟及小河排放至自然水体。

城市排水工程系统规划究竟选择哪种排水体制,主要取决于城市及其所在流域对环境保护的要求、城市建设投资的实力以及城市现状条件等多方面的因素。很显然,完全分流制排水系统的环境保护效果最好,但建设投资也最大;而直排式合流制的建设费用最小,对环境造成的污染却最严重。一般来说,一个城市中也会存在着混合的排水体制,既有分流制,也有合流制。随着城市的不断发展,对环境保护要求的日益提高,完全分流制是城市排水工程系统规划与建设的努力方向,在实践中也可以采用按照较高标准规划、分期改造实施的方法。

（二）城市排水工程系统构成

城市排水工程系统通常由排水管道（管网）、污水处理系统（污水处理厂）和出水口组成。生活污水、生产污水以及雨水的排水系统组成略有差别。

1. 生活污水排水系统

室内污水管道系统和设备；室外污水管道系统；污水泵站和压力管道；污水处理厂；出水口

2. 生产污水排水系统

车间内部管道系统和设备；厂区管道系统；污水泵站及压力管；污水处理站；出水口。

3. 雨水排水系统

房屋雨水管道系统和设备；街坊或厂区雨水管渠系统；城市道路雨水管渠系统；雨水泵站及压力管；出水口。

（三）城市排水工程系统布局

由于城市排水主要依靠重力使污水自流排放，必要时才采用提升泵站和压力管道。因此，城市排水工程系统的布局形式与城市的地形、竖向规划、污水处理厂的位置、周围水体状况等因素有关。常见的布局形式有以下几种。

1. 正交式布置

排水管道沿适当倾斜的地势与被排放水体垂直布局，通常仅适用于雨水的排放。

2. 截流式布置

这种系统实际上是在正交式的基础上沿被排放水体设置截流管，将污水汇集至污水处理厂处理后再排入水体。这种布置形式适用于完全分流制及截流式合流制排水系统，对减少水体污染起到至关重要的作用。

3. 平行式布置

在地表坡降较大的城市，为避免因污水流速过快而对排水管壁的冲刷，采用与等高线平行的污水干管将一定高程范围内的污水汇集后，再集中排向总干管的方式，也可以将其看作一种由几个截流式排水系统通过主干管串联在一起的形式。

4. 分区式布置

这是在地形起伏较大，污水处理厂又无法设在地形较低处时所采用的一种方式。将城市排水划分为几个相互独立的分区。高于污水处理厂分区的污水依靠重力排向污水处理厂；低于污水处理厂分区的污水则依靠泵站提升后排入污水处理厂，从而减轻了提升泵站的压力和运行费用。

5. 分散式布置

当城市因地形等原因难以将污水汇集送往一个污水处理厂时，可根据实际情况分设污水处理厂，并形成数个相互独立的排水系统。

6. 环绕式布置

当上述情况下难以建立多个污水处理厂时，可采用一条环状的污水总干管将所有污水汇集至单一的污水处理厂。

7. 区域性布置

因流域治理或单一城镇规模过小等问题，设置为两个以上城镇服务的污水排放及处理系统。

（四）城市污水工程系统规划

城市污水工程系统规划主要包括污水量估算、污水管网布局、污水管网水力计算、污水处理设施选址以及排污口位置确定等内容。

1. 城市污水量预测和计算

虽然城市污水的排放量与城市性质、规模、污水的种类有关，但更直接取决于城市的用水量。通常，城市污水量占城市用水量的 70% ～ 90%。如果按不同污水种类细分时，生活污水的排放量占生活用水量的 85% ～ 95%；工业污水（废水）的排放量占工业用水量的 75% ～ 95%。按照这种方法估算出的只是城市污水的排放总量，城市污水工程系统规划还要考虑到污水排放的周期性变化。

2. 城市污水管网布置

在估算出城市污水排放量之后，城市污水工程系统规划需要根据城市的地形条件等进一步确定排水区界，划分排水流域、选定排水体制，拟定污水干管及主干管的路线，确定需要必须依靠机械提升排水的排水区域和泵站的位置。

城市污水管主要依靠重力将污水排出。因此，管网的规划设计需尽可能利用自然地形和调节管道埋深达到重力排放的要求。污水管道管径较大且不易弯曲，通常沿城市道路敷设，埋设在慢车道、人行道或绿化带的下方，埋设深度一般为覆土深度 1 ～ 2m，埋设深度不超过 8m。

3. 选择污水处理厂和出水口的位置

城市污水最终排往污水处理厂，经处理后再排向自然水体。其位置、用地规模均有相应的要求。

（五）城市雨水工程系统规划

由于降雨而降落到地表的水除一部分被植物滞留，一部分通过渗透被土壤吸收外，还有一部分沿地面向地势低处流动，形成所谓的地面径流。城市雨水工程系统的功能就是将这部分地面径流雨水顺畅地排放至自然水体，避免城市中出现积水或内涝现象。虽然雨水径流的总量并不大，但通常集中在一年中的较短时期，甚至是一天中的某个时间段中，容易形成短时期的径流高峰。加之城市中非透水性硬质铺装的面积增大，可以蓄水的洼地水塘较少，加剧了这种径流的峰值。因此，与城市污水工程系统不同，城市雨水系统虽然平时处于闲置状态，但一旦遇到较强的降雨过程，又需要具有较强的排水能力。

城市雨水工程系统由雨水口、雨水管渠、检查井、出水口以及雨水泵站等所组成。城市雨水工程系统规划主要包括以下几个方面。

第一，选用符合当地气象特点的暴雨强度公式以及重现期（即该暴雨强度出现的频率），确定径流高峰单位时间内的雨水排放量（通常以分钟为单位）。

第二，确定排水分区与排水方式。排水方式主要有排水明渠和排水暗管两种，城市中尽量选择后者。

第三，进行雨水管渠的定线。雨水管依靠重力排水，管径较大，通常结合地形埋设在城市道路的车行道下面。

第四，确定雨水泵房、雨水调节池、雨水排放口的位置。城市雨水工程系统规划要尽量利用城市中的水面，调节降雨时的洪峰，减少雨水管网的负担，尽量减少人工提升排水分区的面积，但对必须依靠人工进行排水的地区需设置足够的雨水泵站。

第五，进行雨水管渠水利计算，确定管渠尺寸、坡度、标高、埋深以及必要的跌水井、溢流井等。

（六）城市雨污合流工程系统规划

在合流制排水系统中，有直排式合流制与截流式合流制两种类型。由于直流排式合流制对污水、雨水均未经任何处理，给环境造成较严重的污染，城市规划中一般不再采用。而截流式合流制排水系统在特定情况下有一定的优势，仍可作为可选择的城市排水系统之一。截流式合流制系统的基本原理是：在没有雨水排放的情况下，城市污水通过截流管输入污水处理厂，经处理后排放。而当降雨时，初期的混浊雨水仍然通过雨污合流排水管网及截流管排至污水处理厂处理。只是当降雨强度达到一定程度，进入雨污合流排水管网的雨水与污水的流量超过截流管的排放能力时，一部分雨水及污水通过溢流井溢出，直接排放至自然水体。其中的污水对环境会造成一定的影响。但此时由于大量雨水的流入与混合，溢流井的污水浓度已大大降低。因此可以看出，截流式合流制系统的最大特点就是可以利用一套管网同时解决污水及雨水的排放问题，可以节省排水管网建设的投资，适用于降雨量较少、排水区域内有充沛水量的自然水体的城市，以及旧城等进行完全分流制改造困难的地区。

对于大量采用直排式合流制的旧城地区，将合流制逐步改为分流制是一个必然的趋势，但往往受到道路空间狭窄等现状条件的制约，只能采用合流制的排水形式。在这种情况下，保留合流制，新设截流干管。

此外，在工业生产中也会排放出大量的工业废水及生产污水。对于不含或少量含有有害物质，且尚未重复利用的工业废水，可以直接排入雨水排放系统；而对于含有有害物质的生产污水则应排入城市污水系统进行处理。对于有害物质超出排放标准的生产污水应在工厂内部进行处理，达标后再排入城市污水系统，或者建设专用的生产污水独立处理、排放系统。

（七）城市污水的处理利用

通过城市污水管网排至污水处理厂的污水中含有大量的各种有害有毒物质。这些有害有毒的物质通常包括有机类污染物、无机类污染物、重金属离子、有毒化合物以及各种散发出气味，呈现颜色的物质。不同种类的污水，其中所含有的有害有毒物质是不一样的。通常，生活污水中多含有有机污染物、致病病菌等；而生产污水中则根据不同门类的产业含有有机、无机污染物、有毒化合物及重金属离子等。对于污水的排放标准，制定了污水综合排放标准。污水处理的方法有。

第一，物理法。包括沉淀、筛滤、气浮、离心与旋流分离、反渗透等方法。

第二，化学法。混凝法、中和法、氧化还原法、吸附法、离子交换法、电渗析法等。

第三，生物法。活性泥法、生物膜、自然处理法、厌氧生物处理法等。

污水处理根据处理程度的不同，通常划分为三级。级别越高表示处理的程度越深，处理后的水中污染成分越少。由于污水处理需要耗用能源和资金投入，所以选择哪个级别的处理深度主要考虑排入水体的环境容量、城市的经济承受能力以及处理后的水是否重复使用等多方面的因素。

城市规划中需要具体确定污水处理厂的位置与规模。污水处理厂应选在地质条件较好，地势较低但没有被洪水淹没危险的靠近自然水体的地段。为避免对城市取水等方面的影响，污水处理厂应布置在城市下游和夏季主导风向的下风向，并与工厂及居民生活区保持300m以上的距离，其间设置绿化隔离带。为保障正常运转，污水处理厂还应具有较好的交通运输条件和充足的电力供给。污水处理厂的用地规模主要与处理能力及处理深度相关，处理能力越大，处理深度越浅，处理单位污水量的占地面积越小，反之亦然。具体指标在 $0.3 \sim 2.0 \text{m}^2 /（\text{m}^3 \cdot \text{d}）$ 之间。

此外，在水资源匮乏地区，还可以考虑城市中水系统的建设。即将部分生活污水或城市污水经深度处理后用作生活杂用水及城市绿化灌溉用水，可以有效地做到水资源的充分利用，但需要敷设专用的管道系统。

第三节 城市能源供给工程系统规划

城市能源供给工程系统规划包括供电工程、燃气工程及供热工程系统规划。

一、城市供电工程系统规划

城市供电工程系统主要由电源工程与输配电网络工程所组成，其相应的规划主要包括城市电力负荷预测、供电电源规划、供电网络规划以及电力线路规划等。

（一）城市电力负荷预测

城市用电可大致分为两类，即生产用电和生活用电。对于生产用电还可以根据产业门类进行进一步的划分。预测城市电力负荷可采用的方法较多，例如产量单耗法、产值单耗法、人均耗电量法（用电水平法）、年增长率法、经济指标相关分析法、国际比较法等。但预测的基本思路无外乎两种：一种是将预测的用电量按照用电分布转化为城市中各个用电分区的电力负荷；另一种是以现状电力负荷密度为基础进行预测。在实际预测过程中，可根据不同层次的规划要求采用不同的方法。在城市总体规划阶段，城市供电工程系统规划需要对城市整体的用电水平以及各种主要城市用地中的用电负荷做出预测。通常采用人均城市居民生活用电量作为预测城市生活用电水平的指标；采用各类用地的分类综合用电指标作为预测各类城市用地中的单位建设用地面积用电负荷指标，进而可以累计出整个城市的用电负荷。而在详细规划阶段，一般采用城市建筑单位建筑面积负荷密度指标作为预测用电负荷的依据。

（二）城市供电电源规划

城市供电电源均来自各种类型的发电厂，例如：火力发电厂、水力发电厂、风力发电厂、地热发电厂、原子能发电厂等。对于城市而言，供电电源或由靠近城市的电厂直接提供，或通过长距离输电线路经位于城市附近的变电所向城市提供。由于水力发电厂受地理条件的制约，原子能发电厂在安全方面存在争议，因此，火力发电厂就成为靠近城市的发电厂中最常见的一种。火力发电厂通常选择靠近用电负荷中心，便于煤炭运输，有充足水源，对城市大气污染影响较小的地段。其用地规模主要与装机。

总容量有关，规模越大，单位装机容量的占地面积就越小，一般在 0.28～0.85 公顷／万千瓦之间。变电站的选址也要尽量靠近用电负荷中心，并具有可靠、安全的地质及水文条件。其用地规模较发电厂要小，一般在数百平方米至十公顷之间。由于发电厂及变电站需要通过高压输电线与供电网络连接，所以发电厂及变电站附近均需要留出足够的架空线、走廊所需要的空间。

（三）城市供电网络规划

在城市供电规划中，按照供电网络的功能及其中的电压分为为城市提供电源的一次送电网、作为城市输电主干网的二次送电网以及高压、低压配电网。按照现行标准，供电电网的电压等级分为 8 类。其中，城市一次送电为 500kV、330kV 和 220kV；二次送电为 110kV、66kV、35kV；高压配电为 10kV；低压配电为 10kV；380V/220V。

城市供电网络的接线方式主要有放射式、多回线式、环式及网格式等，其可靠性依次提高。其中，由于放射式可靠性较低，仅适用于较小的终端负荷。

城市供电网络通过网络中的变电所与配电所将高压电降为终端用户所使用的低压电（380V/220V）。变电所的合理供电半径主要与变电所二次侧电压有关，二次侧电压越高，其合理供电半径就越大。例如，城市中最常见的二次侧电压为 10kV，变电站的合理供电半径为 5～7km。而将 10kV 高压电变为低压电的配电所、开闭所的合理供电半径为 250～500m。

（四）城市电力线路规划

电力线路按照其功能可分为高压输电线与城市送配电线路；按照敷设方式又可以分为架空线路与电力电缆线路．前者通常采用铁塔、水泥或木质杆架设，后者可采用直埋电缆、电缆沟或电缆排管等埋设形式。电力电缆通常适用于城市中心区或建筑物密集地区的 10kV 以下电力线路的敷设。对于架空线路，尤其是穿越城市的 10kV 以上高压电力线路，必须设置必要的安全防护距离。在这一防护距离内不得存在任何建筑物、植物以及其他架空线路等。城市规划需在高压线穿越市区的地方设置高压走廊（或称电力走廊），以确保高压电力线路与其他物体之间保持一定的距离。高压走廊中禁止其他用地及建筑物的占用，进行绿化时应考虑到植物与导线之间的最小净空距离（110kV 不小于 4m，500kV 不小于 7m）。高压走廊的宽度与线路电压、杆距、导线材料、风力等气象条件，以及由这些条件所形成的导线弧垂、水平偏移等有关，准确数值需要经专门的计算，但一般可根据经验值。此外，高压输电线与各种地表物（地面、峭壁岩石、建筑物、树木）的最小安全距离，与铁路、道路、河流、管道、索道交叉或接近时的距离，以及低压配电线路与铁路、道路、河流、管道、索道交叉或接近时的距离均有相应的要求。

二、城市燃气工程系统规划

城市燃气工程系统规划主要包括城市燃气负荷预测、城市燃气系统规划目标确定、城市燃气气源规划、城市燃气网络与储配设施规划等内容。

（一）城市燃气负荷预测

由于不同种类的燃气热值不同，在进行城市燃气负荷预测时先要确定城市所采用的燃气种类。目前，城市中所采用的燃气种类主要有以下几种。

1. 人工煤气

人工煤气主要是由固体或液体燃料经加工生成的可燃气体，主要成分为甲烷、氢、一氧化碳。其特点是热值较低并有毒。

2. 液化石油气

液化石油气是石油开采及冶炼过程中产生的一种副产品，主要成分为丙烷、丙烯、丁烷、丁烯等石油系轻烃类，在常温下为气态，加压或冷却后易于液化，液化后的体积为气体的 1/250。其热值在城市燃气中最高。

3. 天然气

由专门气井或伴随石油开采所采出的气田气，其主要成分为烃类气体和蒸气的混合体，常与石油伴生。热值比人工煤气高，比液化石油气低。天然气具有无毒无害，可充分燃烧、热值较高等优点，是城市燃气的理想气源。但由于气态运输需要专用管道，而液态运输需要专用设备、运输工具及相应技术，因此需要较高的投资和较强的专业技术。

从大多数发达国家城市燃气的发展历程来看，大多经历了从人工煤气到石油气，再到天然气的变化过程。煤炭资源丰富，为人工煤气提供了丰富且相对廉价的原料。液化石油气以其高热值、低投入、使用灵活等特点而适于城市燃气管网形成之前的广大中小城市。天然气具有储量丰富、洁净等优势，是未来城市燃气发展的方向。由于经济发展的地域性不平衡，这三大气种并存于不同城市中的局面将长期存在。

在进行城市燃气负荷预测时，通常按照民用燃气负荷（炊事、家庭热水、采暖等）与工业燃气负荷两大类来进行。民用燃气负荷预测一般根据居民生活用气指标（兆焦耳／（人·年））以及民用公共建筑用气指标［兆焦耳／（人·年）、兆焦耳／（座·年）、兆焦耳／（床位·年）等］计算。工业燃气负荷预测则需要根据工业发展情况另行预测。

（二）城市燃气气源规划

城市燃气气源规划的主要任务是选择恰当的气源种类，如人工煤气、液化石油气及天然气，并布置相应的设施。例如，人工煤气设施、液化石油气气源设施以及天然气气源设施。其中，人工煤气气源设施主要有制气设施（包括炼焦制气厂、直立炉煤气厂、油制气厂、油制气掺混各种低热值煤气厂等）；液化石油气气源设施主要包括液化石油气储存站、储配站、灌瓶站、气化站和混气站等；天然气气源设施主要包括采用管道输送方式中的天然气储配设施、城市门站，或者采用液化天然气方式中的气化站及其储配设施等。城市燃气气源设施的选址虽然根据不同气源种类各不相同，但有些原则是共通的。例如，气源设施应尽量靠近用气负荷的中心；需要考虑气源设施对周围环境的影响及其易燃易爆的危险性，因而留出必要的防护隔离带；用地的地质、水文条件较好且交通方便等。

（三）城市燃气输配系统规划

城市燃气输配系统主要由城市燃气储配设施及输配管网所组成。城市燃气储配设施主要包括燃气储配站和调压站。燃气储配站的主要功能包括储存并调节燃气使用的峰谷，将多种燃气混合以达到合适的燃气质量，以及为燃气输送加压。城市燃气管道一般分为高压燃气管道（0.4～1.6MPa）、中压燃气管道（0.005～0.4MPa）以及低压燃气管道（0.005MPa以下）。调压站的功能是调节燃气压力，实现不同等级压力管道之间的转换，在燃气输配管网中起到稳压与调压的作用。

城市燃气输配管网按照其形制可以分为环状管网与枝状管网。环状管网多用于需要较高可靠性的输气干管；枝状管网用于通往终端用户的配气管。城市燃气输配管网按照压力等级还可以划分为以下几个级别。

1. 一级管网系统

一级管网系统包括低压一级管网和中压一级管网。低压一级管网的优点是系统简单、安全可靠、运行费用低，但缺点是需要的管径较大、终端压差较大，比较适用于用气量小、供气半径在 2 ~ 3km 的城镇或地区。而中压一级管网具有管径较小、终端压力稳定的优点，但也存在易发生事故的弱点。

2. 二级管网系统

二级管网系统是在一个管网系统中同时存在两种压力的城市燃气输配系统。通常二级管网系统为中压—低压型。燃气先通过中压管道输送至调压站，经调压后再通过低压管道送至终端用户。其优点是供气安全、终端气压稳定，但系统建设所需投资较高，调压站需要占用一定的城市空间。

3. 三级管网系统

三级管网系统是在一个管网系统中同时含有高、中、低三种压力管道的城市燃气输配系统。燃气依次经过高压管网、高中压调压站、中压管网、中低压调压站、低压管网到达终端用户。该类型系统的优点是供气安全可靠，可覆盖较大的区域范围，但系统复杂、投资大、维护管理不便，通常只用于对供气可靠性要求较高的特大城市。

此外，还有一些城市由于现状条件的限制等。采用一、二、三级管网系统同时存在的混合管网系统。

（四）城市燃气输配管网敷设

城市燃气输配管网一般沿城市道路敷设，通常应注意以下问题：

第一，为提高燃气输送的可靠性，主要燃气管道应尽量设计成环状布局。

第二，考虑安全和便于维修方面，燃气管道最好避开交通繁忙的路段，同时不得穿越建筑物。

第三，燃气管道不应与给排水管道、热力管道、电力电缆及通信电缆铺设在同一条地沟内，如必须同沟铺设时，应采取必要的防护措施。应避免燃气管道与高压电缆平行铺设。

第四，燃气管道在跨越河流、穿越隧道时，应避免与其他基础设施同桥或同隧道铺设，尤其不允许与铁路同设。穿越铁路或重要道路时应增设套管。

第五，燃气管道可设在道路一侧，但当道路宽度超过 20m 且有较多通向两侧地块的引入线时，也可以双侧铺设。燃气管道应埋设在土壤冰冻线以下。

三、城市供热工程系统规划

城市供热工程（又称集中供热或区域供热）是指城市中的某个区域或整个城市利用集中热源向工业生产及市民生活提供热能的一种方式，具有节能、环保、安全可靠、劳动生产率高等特点，是提高城市基础设施水平所采取的重要方式。城市供热工程系统规划包括热负荷预测、热源规划以及供热管网与输配设施规划等内容。

（一）城市集中供热负荷的预测

在进行城市供热工程系统的规划时，首先要进行的是热负荷的预测。城市热负荷通常可以根据其性质分为民用热负荷与工业热负荷。民用热负荷可以进一步分为室温调节与生活热水两大类型。此外，城市热负荷还可以根据用热时间分布的规律，分为季节性热负荷与全年性热负荷。在具体选择供热对象时，分散的小规模用户，如一般家庭、中小型民用建筑和小型企业应优先考虑。这些用户集中分布的地区也是应优先考虑的地区。

城市热负荷预测的具体方法可采用较为精确的计算法或简便易行的概算指标法。城市规划中通常采用概算指标法。热负荷计算通常按照采暖通风热负荷、生活热水热负荷、空调冷负荷以及生产工艺热负荷分项计算后累计为供热总负荷。对于民用热负荷一般还可以采用更为简便的综合热指标进行概算。

（二）城市集中供热热源规划

热电厂、锅炉房、低温核能供热堆、热泵、工业余热、地热、垃圾焚化厂等均可作为城市集中供热的热源，但其中最常见的是热电厂和锅炉房（或称区域锅炉房，以区别于普通的锅炉房）。热电厂是利用蒸汽发电过程中的全部或部分蒸汽直接作为城市的热源，又被称为热电联供。热电厂的选址条件与普通火力发电厂类似，但由于蒸汽输送管道的距离不宜过长（通常为 $3 \sim 4km$），因此，其选址受到较大的制约，城市边缘地区是其较为理想的位置。热电厂的生产过程需要大量的用水，能否获得充足的水源也是一种至关重要的条件。热电厂的用地规模主要与机组装机容量相关，例如两台 6000kW 的热电厂占地规模在 $3.5 \sim 4.5hm^2$ 之间。相对于热电厂而言，锅炉房的布局更为灵活，适用范围也更广。根据采用热介质的不同，锅炉房可分为热水锅炉房和蒸汽锅炉房。锅炉房的布局主要从靠近热负荷中心、便于燃料运输、减少环境污染等几个方面综合考虑确定。锅炉房的占地规模与其容量直接相关，例如，容量为 $30 \sim 50Mkcal/h$ 锅炉房的占地面积为 $1.1 \sim 1.5hm^2$。

此外，制冷站还可以利用城市集中供热的热源或直接使用电力、燃油等能源为一定范围内的建筑物提供低温水作为冷源。通常，冷源所覆盖的范围较城市供热管网要小，一般从位于同一个街区内的数栋建筑物到数个街区不等。

（三）城市供热管网规划

城市供热管网又称为热网或热力网，是指由热源向热用户输送和分配热介质的管线系统，主要由管道、热力站和阀门等管道附件所组成。

城市供热管网按照热源与管网的关系可分为区域网络式与统一网络式两种形式。区域网络式为单一热源与供热网络相连；统一网络式为多个热源与网络相连，比区域网络式具有更高的可靠性，但系统复杂。按照城市供热管网中的输送介质又可分为蒸汽管网、热水管网以及包括前两者在内的混合管网。在管径相同的情况下，蒸汽管网输送的热量更多，但容易损坏。从平面布局上来看，城市供热管网又可以分为枝状管网与环状管网。环状管网的可靠性较强，但管网建设投资较高。此外，根据用户对介质的使用情况还可以分为开式管网与闭式管网，开式管网用户可以直接使用热介质，通常只设有一根输送热介质的管道；闭式管网不允许用户使用热介质，必须同时设回流管。

在设有热力站的城市供热管网系统中，热源至热力站之间的管网被称为一级管网；热力站至热用户之间的管网被称为二级管网。城市供热管网的布局要求尽可能直短，供热半径通常以不超过 5km 为宜。管网的敷设方式通常有架空敷设与地下敷设两种。当采用地下敷设时，管道要尽量避开交通干道，埋设在道路一侧或人行道下。由于管道中介质的影响，城市供热管道必须考虑热胀冷缩带来的变形和应力，在管道中加设伸缩器，并采用弯头连接的方式连接干管和支管。

（四）热转换设施

在一些规模较大的城市供热系统中，存在对热媒参数要求不同的用户。为满足不同用户的需求，同时保证系统中不同地点供热的稳定性和供热质量的均一，通常在热源与用户之间布置一些热转换设施，通过调节介质的温度、压力、流量等将热源提供的热量转换成用户所需要的热媒参数，甚至进行热介质与冷媒之间的转换，并进行检测和计量工作等。热转换设施包括热力站和制冷站。热力站又称为热交换站，根据功能不同分为换热站与热力分配站；根据管网中热介质的不同又可分为水—水换热与汽—水换热。热力站的所需面积不大，可单独设立，也可以附设于其他建筑物中。例如，一座供热面积为 10 万平方米的换热站所需建筑面积为 300～350 平方米。

此外，利用城市供热系统中的热源，通过制冷设备将热能转化为低温水等冷媒供应用户的制冷站也属于热转换设施的一种。

第四节 城市通信工程系统规划

城市通信工程系统主要包括邮政、电信、广播及电视 4 个分系统，其规划内容主要有：城市通信需求量预测、城市通信设施规划、城市有线通信网络线路规划以及城市无线通信网络规划等。

一、城市通信需求量的预测

与其他城市工程系统的规划类似，城市通信工程系统规划的第一步要对城市通信的需求量做出预测。按照城市通信工程的几个分项，预测工作可分为：邮政需求量预测、电话需求量预测以及移动通信系统容量预测等。

城市邮政需求量预测可按照邮政年业务总收入或通信总量来进行。城市的邮政业务量通常与城市的性质、人口规模、经济发展水平、第三产业发展水平等因素相关，在预测中多采用以此为因子的单因子相关系数预测法或综合因子相关系数预测法，也可以采用基于现状的发展态势延伸预测法。近年来，由于新型通信方式的出现及普及，传统邮政的业务量呈下降趋势，但特色邮政如 EMS 快递业务等则有较大的增长。

城市电话需求量预测包括电话用户预测及话务预测。采用电话普及率来描述城市电话发展的状况，同时也作为规划中的指标。具体的预测方法有：在 GDP 增长与电话用户增长之间建立函数关系的简易相关预测法；对潜在用户进行调查的社会需求调查法；城市规划中常用的根据规划地区的建筑性质或人口规模，以电话饱和状态为电话设备终期容量的单耗指标套算法等。

城市移动通信系统容量的预测通常采用移动电话普及率法以及移动电话占市话百分比法等方法。

二、城市通信设施规划

城市通信设施规划包括邮政局所规划、电话局所规划，以及广播、电视台规划。

城市邮政局所通常按照等级划分为市邮政局、邮政通信枢纽、邮政支局和邮政所。邮政局所的规划主要考虑其本身的营业效率及合理的服务半径，根据城市人口密度的不同，其服务半径一般为 0.5～3 千米，对于常见的人口密度为 1 万人 / 平方千米的市区，其服务半径通常为 0.8～1 千米。邮政通信枢纽的选址通常靠近城市的火车站或其他对外交通设施；一般邮政局所的选址则应靠近人口集中的地段。邮政局所的建筑面积根据局所等级而变化，一般邮政支局建筑面积为 1500～2500 平方米；邮政所建筑面积在 150～300 平方米之间。邮政局所建筑物可单独建设，也可设置在其他建筑物之中。

城市电话局所主要起到电信网络与终端用户之间的交换作用，是城市电话线路网设计中的一个重要组成部分。电话局的选址需要考虑用户密度的分布，使其尽量处于用户密度中心或线路网中心。同时也要考虑运行环境、用电条件等方面的因素。

广播、电视台（站）担负着节目制作、传送、播出等功能，其选址应以满足这些功能为主要条件。广播、电视台（站）的占地面积与其等级、播出频道数、自制节目数量等因素有关，一般在一至数公顷的范围内。

三、城市有线通信网络线路规划

城市有线通信网络是城市通信的基础和主体，其种类繁多。如果按照功能分类，有长途电话、市内电话、郊区（农村）电话、有线电视、有线广播、国际互联网以及社区治安监控系统等；如果按照线路所使用的材料分类，有光纤、电缆、金属明线等；按照敷设方式分类，有管道、直埋、架空、水底敷设等。电话线路是城市通信网络中最为常见也是最基本的线路，一般采用电话管道或电话电缆直埋的方式，沿城市道路铺设于人行道或非机动车道的下面，并与建筑物及其他管道保持一定的间距。由于电话管道线路自身的特点，平面布局应尽量短直，避免急转弯。电话管道的埋深通常在 0.8～1.2 米之间；直埋电缆的埋深一般在 0.7～0.9 米之间。架空电话线路应尽量避免与电力线或其他种类的通信线路同杆架设，如必须同杆时，需要留出必要的距离。

城市有线电视、广播线路的敷设要点与城市电话线路基本相同。当有线电视、广播线路经过的路由上已有电话管道时，可利用电话管道敷设，但不宜同孔。此外，随着信息传输技术的不断发展。利用同一条线路同时传输电话、有线电视以及国际互联网信号的三线合一技术已日趋成熟，可望在将来得到推广普及。

四、城市无线通信网络规划

城市中的移动电话网根据其单个基站的覆盖范围分为大区制、中区制以及小区制。大区制系统的基站覆盖半径为 30～60km，通常适用于用户容量较少（数十至数千）的情况。小区制系统是将业务区分成若干个蜂窝状小区（基站区），在每个区的中心设置基站。基站区的半径一般为 1.5～15km。每间隔 2～3 个基站区同一组频率可重复使用。小区制系统适合于大容量移动通信系统，其用户可达 100 万。目前所采用的 900MHz 移动电话系统就是采用的小区制。中区制系统的工作原理与小区制相同，但基站半径略大，一般为 15～30km。中区制系统的容量要远低于小区制系统，一般在数千至一万用户。

无线寻呼业曾一度发达，但随着移动电话的普及。无线寻呼已不再是城市通信的主要方式。

此外，广播电视信号经常通过微波传输。城市规划应保障微波站之间的微波通道以及微波站附近的微波天线近场净空区（天线口面锥体张角约为20°）不受建筑物、构筑物等物体的遮挡。

第五节 城市工程管线综合

一、城市工程管线综合的原则与技术规定

城市工程管线种类众多，一般均沿城市道路空间埋设或架设。各工程管线的规划设计、施工以及维修管理一般由各个专业部门或专业公司负责。为避免工程管线之间。

以及工程管线与邻近建筑物、构筑物相互产生干扰，解决工程管线在设计阶段的平面走向、立体交叉时的矛盾，以及施工阶段建设顺序上的矛盾，在城市基础设施规划中必须进行工程管线综合工作。因此，城市工程管线综合对城市规划、城市建设与管理具有重要的意义。

因为城市工程管线综合工作的主要任务是处理好各种工程管线的相互关系和矛盾，所以整个工作要求采用统一的平面坐标、竖向高程系统以及统一的技术术语定义，以确保工作的顺利进行。

（一）城市工程管线的种类与特点

为做好城市工程管线综合工作，首先需要了解并掌握各种工程管线的使用性质、目的以及技术特点。在城市基础设施规划中，通常需要进行综合的常见城市工程管线有6种：给水管道、排水管沟、电力线路、电信线路、热力管道以及燃气管道。在城市规划与建设中，一般将待开发地块的七通一平作为进行城市开发建设的必要条件。其中的七通即指上述6种管线与城市道路的接通。城市工程管线按照其性能和用途可以分为以下种类。

第一，给水管道——括工业给水、生活给水、消防给水管道。

第二，排水管沟——括工业污水（废水）、生活污水、雨水管道及沟渠。

第三，电力线——包括高压输电、低压配电、生产用电、电车用电等线路。

第四，电信线路——包括市内电话、长途电话、电报、有线广播、有线电视、国际互联网等线路。

第五，热力管道——包括蒸汽、热水等管道。

第六，燃气管道——包括煤气、乙炔等可燃气体管道以及氧气等助燃气体管道。

其他种类的管道还有：输送新鲜空气、压缩空气的空气管道，排泥、排灰、排渣、排尾矿等灰渣管道，城市垃圾输送管道，输送石油、酒精等液体燃料的管道以及各种工业生产专用管道。

工程管线按照输送方式可分为压力管线（例如：给水、煤气管道）与重力自流管线（例如：污水、雨水管渠）两大类别。

按照敷设方式，工程管线又可分为架空线与地下埋设管线。地下埋设管线又可以进一步分为地铺管线（指在地面敷设明沟或盖板明沟的工程管线，如雨水沟渠）以及地埋管线。地埋管线的埋深通常在土壤冰冻深度以下，埋深大于1.5m的为深埋，小于1.5m的为浅埋。

由于各种工程管线所采用的材料不同，机械性能各异，一般根据管线可弯曲的程度分为可弯曲管线（如电信、电力电缆，给水管等）与不易弯曲的管线（如电力、电信管道，污水管道等）。

（二）城市工程管线综合原则

城市工程管线综合涉及的管线种类众多，在处理相互之间矛盾以及与城市规划中的其他内容相协调时，一般遵循以下原则。

第一，采用统一城市坐标及标高系统，如坐标或标高系统不统一时，应首先进行换算工作，以确保各种管网的正确位置。

第二，管线综合布置应与总平面布置、竖向设计、绿化布置统一进行，使管线之间，管线与建筑物、构筑物之间在平面及竖向上保持协调。

第三，根据管线的性质、通过地段的地形，综合考虑道路交通、工程造价及维修等因素后，选择合适的敷设方式。

第四，尽量降低有毒、可燃、易爆介质管线穿越无关场地及建筑物。

第五，管线带应设在道路的一侧，并与道路或建筑红线平行布置。

第六，在满足安全要求、方便检修、技术合理的前提下，尽量采用共架、共沟敷设管线的方法。

第七，尽量减少工程管线与铁路、道路、干管的交叉，交叉时尽量采用正交。

第八，工程管线沿道路综合布置时，干管应布置在用户较多的一侧或将管线分类，分别布置在道路两侧。

第九，当地下埋设管线的位置发生冲突时，应按照以下避让原则处理：

①压力管让自流管。

②小管径让大管径。

③易弯曲的让不易弯曲的。

④临时的让永久的。

⑤工程量小的让工程量大的。

⑥新建的让现有的。

⑦检修次数少的、方便的，让检修次数多的、不方便的。

第十，工程管线与建筑物、构筑物之间，以及工程管线之间的水平距离应符合相应的规范，当因道路宽度限制无法满足水平间距的要求时，可考虑调整道路断面宽度或采用管线共沟敷设的方法解决。

第十一，在交通繁忙，路面不宜进行开挖并且有两种以上工程管线通过的路段，可采用综合管沟进行工程管线集中敷设的方法。但应注意的是，并非所有工程管线在所有的情况下都可以进行共沟敷设。管线共沟敷设的原则是。

①热力管不应与电力、电信电缆和压力管道共沟。

②排水管道应位于沟底，但当沟内同时敷设有腐蚀性介质管道时，排水管道应在其上，腐蚀性介质管道应位于沟中最下方的位置。

③可燃、有毒气体的管道一般不应同沟敷设，并严禁与消防水管共沟敷设。

④其他有可能造成相互影响的管线均不应共沟敷设。

第十二，敷设主管道干线的综合管沟应在车行道下。其埋深与道路行车荷载、管沟结构强度、冻土深度等有关。敷设支管的综合管沟应在人行道下，通常埋深较浅。

第十三，对于架空线路，同一性质的线路尽可能同杆架设。例如，高压供电线路与低压供电线路宜同杆架设；电信线路与供电线路通常不同杆架设；必须同杆架设时需要采取相应措施。

（三）城市工程管线综合技术规定

在进行城市工程管线综合工作时，需要对管线之间以及管线与建筑物、构筑物之间的间距是否恰当作出判断。以下为城市工程管线综合时的依据。

第一，工程管线之间及其与建（构）筑物之间的最小水平净距。

第二，工程管线交叉时的最小垂直净距。

第三，工程管线的最小覆土深度。

第四，架空管线之间及其与建（构）筑物之间的最小水平净距。

第五，架空管线之间及其与建（构）筑物之间交叉时的最小垂直净距。

二、城市工程管线综合规划

城市工程管线综合通常根据其任务和主要内容划分为不同的阶段：规划综合、初步设计综合、施工图详细检查阶段。并与相应的城市规划阶段相对应。规划综合对应城市总体规划阶段，主要协调各工程系统中的干线在平面布局上的问题。例如，各工程系统的干管走向有无冲突，是否过分集中在某条城市道路上等。初步设计综合对应城市规划的详细规划阶段，对各单项工程管线的初步设计进行综合，确定各种工程管线的平面位置、竖向标高，检验相互之间的水平间距及垂直间距是否符合规范要求，管道交叉处是否存在矛盾。综合的结果及修改建议反馈至各单项工程管线的初步设计，必要时可以提出对道路断面设计的修改要求。

（一）城市工程管线综合总体协调与布置

城市工程管线综合中的规划综合阶段与城市总体规划相对应，通常按照以下工作步骤与城市总体规划的编制同步进行。其成果一般作为城市总体规划成果的组成部分。

1. 基础资料收集阶段

基础资料收集阶段包括城市自然地形、地貌、水文、气象等方面的资料，城市土地利用现状及规划资料，城市人口分布现状与规划资料，城市道路系统现状及规划资料，各专项工程管线系统的现状及规划资料，以及国家与地方的相关技术规范。这些资料有些可以结合城市总体规划基础资料的收集工作进行，有些则来源于城市总体规划的编制成果。

2. 汇总综合及协调定案阶段

将上一个阶段所收集到的基础资料进行汇总整理，并绘制到统一的规划底图上（通常为地形图），制成管线综合平面图。检查各个工程管线规划本身是否存在问题，各个工程管线规划之间是否存在矛盾。如存在问题和矛盾，需提出总体协调方案，组织相关专业共同讨论，并最终形成符合各个工程管线规划要求的总体规划方案。

3. 编制规划成果阶段

城市总体规划阶段的工程管线综合成果包括比例尺为1：5000 ～ 1：10000 的平面图，比例尺为1：200 的工程管线道路标准横断面图以及相应的规划说明书。

（二）城市工程管线综合详细规划

城市工程管线综合的详细规划又称为初步设计综合，其任务是协调城市详细规划阶段的各专项工程管线详细规划的管线布置，确定各工程管线的平面位置和控制标高。

城市工程管线综合详细规划在城市规划中的详细规划以及各专项工程管线详细规划的基础上进行，并将调整建议反馈给各专项工程管线规划。城市工程管线综合详细规划的编制工作与城市详细规划同步进行，其成果通常作为详细规划的一部分。城市工程管线综合详细规划有以下几个主要工作阶段。

1. 基础资料收集阶段

城市工程管线综合详细规划所需收集的基础资料与总体规划阶段相似，但更侧重于规划范围以内的地区。如果所在城市已编制过工程管线综合的总体规划，其规划成果可直接作为编制详细规划的基础资料。但在尚未编制工程管线综合总体规划的城市，除所在地区的基础资料外，有时还需收集整个城市的基础资料。

2. 汇总综合及协调定案阶段

与城市工程管线综合总体规划阶段相似，将各专项工程管线规划的成果统一汇总到管线综合平面图上，找出管线之间的问题和矛盾，组织相关专业进行讨论，调整方案，并最终确定工程管线综合详细规划。

3. 编制规划成果阶段

城市工程管线综合详细规划的成果包括管线综合详细规划平面图（通常比例

尺为1：1000)、管线交叉点标高图（比例尺1：500～1：1000)、详细规划说明书以及修订的道路标准横断面图。

第三章

城市管道工程施工技术

第一节 城市给水排水管道工程施工技术

一、开槽管道沟槽施工方案主要内容

第一，沟槽施工平面布置图及开挖断面图。

第二，沟槽形式、开挖方法及堆土要求。

第三，无支护沟槽的边坡要求。有支护沟槽的支撑形式、结构、支拆方法及安全措施。

第四，施工设备机具的型号、数量及作业要求。

第五，不良土质地段沟槽开挖时采取的护坡和防止沟槽坍塌的安全技术措施。

第六，施工安全、文明施工、沿线管线及构（建）筑物保护要求等。

二、沟槽分层开挖

第一，人工开挖沟槽的槽深超过 3m 时应分层开挖，每层的深度不超过 2m。

第二，人工开挖多层沟槽的层间留台宽度：放坡开槽时不应小于 0.8m，直槽时不应小于 0.5m，安装井点设备时不应小于 1.5m。

第三，采用机械挖槽时，沟槽分层的深度按机械性能确定。

三、沟槽开挖规定

第一，槽底原状地基土不得扰动，机械开挖时槽底预留 200～300m 土层，由人工开挖至设计高程，整平。

第二，槽底不得受水浸泡或受冻，槽底局部扰动或受水浸泡时，宜采用天然级配砂砾石或石灰土回填。槽底扰动土层为湿陷性黄土时，应按设计要求进行地基处理。

第三，槽底土层为杂填土、腐蚀性土时，应全部挖除并按设计要求进行地基处理。

第四，槽壁平顺，边坡坡度符合施工方案的规定。

第五，在沟槽边坡稳固后设置供施工人员上下沟槽的安全梯。

四、支撑与支护

第一，采用木撑板支撑和钢板柱，应经计算确定撑板构件的规格尺寸。

第二，撑板支撑应随挖土及时安装。

第三，在软土或其他不稳定土层中采用横排撑板支撑时，开始支撑的沟槽开挖深度不得超过 1.0m。开挖与支撑交替进行，每次交替的深度宜为 0.4～0.8m。

第四，支撑应经常检查，当发现支撑构件有弯曲、松动、移位或劈裂等迹象时，应及时处理。雨期及春季解冻时期应加强检查。

第五，拆除支撑前，应对沟槽两侧的建筑物、构筑物和槽壁进行安全检查，并应制定拆除支撑的作业要求和安全措施。

第六，施工人员应由安全梯上下沟槽，不得攀登支撑。

第七，拆除撑板应制定安全措随，配合回填交替进行。

五、地基处理

第一，管道地基应符合设计要求，管道天然地基的强度不能满足设计要求时应按设计要求加固。

第二，槽底局部超挖或发生扰动时，超挖深度不超过 150m 时，可用挖槽原土回填夯实，其压实度不应低于原地基土的密实度。槽底地基土壤含水量较大，不适于压实时，应采取换填等有效措施。

第三，排水不良造成地基土扰动时，扰动深度在 100mm 以内，宜填天然级配砂石或砂砾处理。扰动深度在 300mm 以内，但下部坚硬时，宜填卵石或块石，并用砾石填充空隙找平表面。

第四，设计要求换填时，应按要求清槽，并经检查合格。回填材料应符合设计要求或有关规定。

第五，柔性管道地基处理宜采用砂桩、搅拌桩等复合地基。

六、安管

第一，采用焊接接口时，两端管的环向焊缝处齐平，错口的允许偏差应为 0.2 倍壁厚，内壁错边量不宜超过管壁厚度的 10%，且不得大于 2mm。

第二，采用电熔连接、热熔连接接口时，应选择在当日温度较低或接近最低时进行。

第三，金属管道应按设计要求进行内外防腐施工和施做阴极保护工程。

七、不开槽管道施工方法

市政公用工程常用的不开槽管道施工方法有顶管法、盾构法、浅埋暗挖法、地表式水平定向钻法、夯管法等。

第一，当周围环境要求控制地层变形或无降水条件时，宜采用封闭式的土压平衡或泥水平衡顶管机施工。

第二，小口径的金属管道，当无地层变形控制要求且顶力满足施工要求时，可采用一次顶进的挤密土层顶管法。

第三，盾构机选型，应根据工程设计要求（管道的外径、埋深和长度），工程水文地质条件，施工现场及周围环境安全等要求，经技术经济比较后确定。盾构法施工用于穿越地面障碍的给水排水主干管道工程，直径一般3000mm以上。

第四，浅埋暗埋能工方案的选择，应根据工程设计（隧道断面和结构形式、埋深、长度），工程水文地质条件，施工现场和周围环境安全等要求，经过技术经济比较后确定。在城区地下障碍物较复杂地段，采用浅埋暗挖施工管（腿）道会是较好的选择。

第五，定向钻机在以较大理深穿越道路桥涵的长距离地下管道的施工中会表现出优越之处。

第六，夯管法在特定场所是有其优越性，适用于城镇区域下穿较窄道路的地下管道施工设备施工安全有关规定。

八、施工设备、装置应满足施工要求，并符合下列规定

第一，施工供电应设置双路电源，并能自动切换。动力、照明应分路供电，作业面移动照明应采用低压供电。

第二，采用起重设备或垂直运输系统。

①起重设备必须经过起重荷载计算。使用前应按有关规定进行检查验收，合格后方可使用。

②起重作业前应试吊，吊离地面100mm左右时，应检查重物捆扎情况和制动性能，确认安全后方可起吊。起吊时工作并内严禁站人，当吊运重物下井距作业面底部小于500mm时，操作人员方可近前工作。

③严禁超负荷使用。

④工作井上、下作业时必须有联络信号。

九、砌筑沟道施工要求

第一，用于砌筑结构的机制烧结砖应边角整齐、表面平整、尺寸准确。强度

等级符合设计要求。

第二，用于砌筑结构的石材强度等级应符合设计要求，设计无要求时不得小于 30MPa。石料应质地坚实均匀，无风化剥层和裂纹

第三，砌筑砂浆应采用水泥砂浆，其强度等级应符合设计要求。

第四，砌筑前砌块（砖、石）应充分湿润。刷筑砂浆配合比符合设计要求，现场井制应拌合均匀、随用随作。砌筑应立皮数杆、样板挂线控制水平与高程。砌筑应采用满铺满挤法。

第五，砌筑结构管果宜按变形缝分段能工，向筑施工需间斯时，应预留阶梯形斜槎。接砌时，应将斜槎冲净并铺满砂浆，墙转角和交接处应与墙体同时砌筑。

第六，采用混凝土砌块砌筑拱形管果或管渠的弯道时，宜采用锲形或扇形块。当砌体垂直灰缝宽度大于 30mm 时，应采用细石混凝土灌实。

十、砖砌拱圈

第一，砌筑前，拱胎应充分湿润，冲洗干净，并均匀涂刷隔离剂。

第二，砌筑应自两侧向拱中心对称进行，灰缝匀称，拱中心位置正确，灰缝砂浆饱满严密。

第三，应采用退槎法砌筑，每块砌块退半块留槎。拱圈应在 24h 内封顶，两侧拱圈之间应满铺砂浆，拱顶上不得堆置器材。

十一、反拱筑

第一，砌筑前，应按设计要求的弧度制作反拱的样板，沿设计轴线每隔 10m 设一块。

第二，根据样板挂线，先砌中心的一列砖、石，并找准高程后接砌两侧，灰缝不得凸出砖面，反拱砌筑完成后，应待砂浆强度达到设计抗压强度的 25% 时，方可踩压。

第三，反拱表面应光滑平顺，高程允许偏差应为 ±10mm。

第四，拱形管渠侧墙砌筑、养护完毕后，安装拱胎前，要在两侧墙外回填土，

此时墙内应采取措施，保持墙体稳定。

第五，当砂浆强度达到设计抗压强度标准值的 25% 时，方可在无振动条件下拆除拱胎。

十二、圆井彻筑

第一，排水管道检查井内的流槽，宜与井壁同时进行筑。

第二，砌块应垂直砌筑。收口砌筑时，应按设计要求的位置设置钢筋混凝土梁。圆井采用砌块逐层砌筑收口时，四面收口的每层收进不应大于 30mm，偏心收口的每层收进不应大于 50mm。

第三，砌块砌筑时，铺浆应饱满，灰浆与砌块四周粘结紧密、不得漏浆，上下砌块应错缝砌筑。

第四，砌筑时应同时安装踏步，踏步安装后在砌筑砂浆未达到规定抗压强度等级前不得踩踏

第五，内外井壁应采用水泥砂浆勾缝。有抹面要求时，抹面应分层压实。

十三、水压试验

第一，压力管道分为预试验和主试验阶段。试验合格的判定依据分为允许压力降值和允许渗水量值，按设计要求确定。设计无要求时，应根据工程实际情况，选用其中一项值或同时采用两项值作为试验合格的最终判定依据。水压试验合格的管道方可通水投入运行。

第二，压力管道水压试验进行实际渗水量测定时，宜采用注水法进行。

第三，管道采用两种（或两种以上）管材时，宜按不同管材分别进行试验。不具备分别试验的条件必须组合试验，且设计无具体要求时，应采用不同管材的管段中试验控制最严的标准进行试验。

十四、严密性试验

第一，污水、雨污水合流管道及湿陷土、膨胀土、流砂地区的雨水管道，必须经严密性试验合格后方可投入运行。

第二，全断面整体现浇的钢筋混凝土无压管渠处于地下水位以下时，除设计要求外，管渠的混凝土强度等级、抗渗等级检验合格，可采用内渗法测渗水量。

第三，不开槽施工的内径大于或等于1500mm钢筋混凝土结构管道，设计无要求且地下水位高于管道顶部阳时，可采用内渗法测渗水量。

十五、特殊管道严密性试验

大口径球墨铸铁管、玻璃钢管、预应力钢筒混凝土管或预应力混凝土管等管道单口水压试验合格，且设计无要求时。

第一，压力管道可免去预试验阶段，而直接进行主试验阶段。

第二，无压管道应认同为严密性试验合格，不再进行闭水或闭气试验。

十六、管道的试验长度

第一，除设计有要求外，压力管道水压试验的管段长度不宜大于1.0km。对于无法分段试验的管道，应由工程有关方面根据工程具体情况确定。

第二，无压力管道的闭水试验，试验管段应按井距分隔，抽样选取，带井试验。若条件允许可一次试验不超过5个连续井段。

第三，当管道内径大于700mm时，可按管道井段数量抽样选取1/3进行试验。试验不合格时，抽样并段数量应在原抽样基础上加倍进行试验。

十七、压力管道试验准备工作

第一，试验管段所有敞口应封闭，不得有渗漏水现象。

第二，试验管段不得用闸阀作堵板，不得含有消火栓、水锤消除器、安全阀等附件。

第三，水压试验前应请除管道内的杂物。

第四，应做好水源引接、排水等疏导方案。

十八、无压管道闭水试验准备工作

第一，管道及检查并外观质量已验收合格。

第二，管道未回填土且沟槽内无积水。

第三，全部预留孔应封堵，不得渗水。

第四，管道两端堵板承载力经核算应大于水压力的合力。除预留进出水管外，应封堵坚固，不得渗水。

第五，顶管施工，其注浆孔封堵且管口按设计要求处理完毕，地下水位于管底以下。

第六、应做好水源引接、排水疏导等方案。

十九、管道内注水与浸泡

第一，应从下游缓慢注入，注入时在试验管段上游的管顶及管段中的高点应设置排气阀，将管道内的气体排除。

第二，试验管段注满水后，宜在不大于工作压力条件下充分浸泡后再进行水压试验，浸泡时间规定。

①球墨铸铁管（有水泥砂浆村里）、钢管（有水泥砂浆衬里）、化学建材管不少于24h。

②内径大于1000mm的现浇钢筋混凝土管果、预（自）应力混凝土管、预应力钢筒混凝土管不少于72h。

③内径小于1000mm的现浇钢筋混凝土管渠、预（自）应力混凝土管、预应力钢筒混凝土管不少于48h。

二十、水压试验

第一，预试验阶段。

将管道内水压缓缓地升至规定的试验压力并稳压 30min，期间如有压力下降可注水补压，补压不得高于试验压力。检查管道接口、配件等处有无漏水、损坏现象。有漏水、损坏现象时应及时停止试压，查明原因并采取相应措施后重新试压。

第二，主试验阶段

停止注水补压，稳定 15min，15min 后压力下降不超过所允许压力下降数值时，将试验压力降至工作压力并保特恒压 30min，进行外观检查若无漏水现象，则水压试验合格。

二十一、闭水试验

第一，试验水头的确定方法。

试验段上游设计水头不超过管顶内壁时，试验水头应以试验段上游管顶内壁加 2m 计。试验段上游设计水头超过管顶内壁时，试验水头应以试验段上游设计水头加 2m 计。计算出的试验水头小于 10m，但已超过上游检查井井口时，试验水头应以上游检查井井口高度为准。

第二，从试验水头达到规定水头开始计时，观测管道的渗水量，直至观测结束，应不断地向试验管段内补水，保持试验水头恒定。渗水量的观测时间不得小于 30min，渗水量不超过允许值试验合格。

二十二、闭气检验

第一，将进行闭气检验的排水管道两端用管堵密封，然后向管道内填充空气至一定的压力，在规定闭气时间测定管道内气体的压降值。

第二，管道内气体压力达到 2000Pa 时开始计时，满足该管径的标准闭气时间规定时，计时结束，记录此时管内实测气体压力 P，如 P ≥ 1500Pa 则管道闭气试验合格，反之为不合格。

二十三、管道维护安全防护

第一，养护人员必须接受安全技术培训，考核合格后方可上岗。

第二，作业人员必要时可戴上防毒面具，防水表、防护梳、防护手套、安全帽等，穿上系有绳子的防护腰带。配备无线通信工具和安全灯等。

第三，针对管网维护可能产生的气体危害和病菌感染等危险源。在评估基础上，采取有效的安全防护措施和预防措施，作业区和地面设专人值守，确保人身安全。

二十四、城市管道抢修

不同种类、不同材质、不同结构管道抢修方法不尽相同。如钢管多为焊缝开裂或腐蚀穿孔，一般可用补焊或盖压补焊的方法修复。预应力削筋混凝土管采用补麻、补灰后再用卡盘压紧固定。若管身出现裂缝，可视裂缝大小采用更换铸铁管或钢管，两端与原管采用转换接口连接。

二十五、管道局部修补

第一，局部修补要求解决的问题包括：
①提供附加的结构性能，以助受损管能承受结构荷载。
②提供防渗的功能。
③能代替遗失的管段等。

第二，局部修补主要用于管道内部的结构性破坏以及裂纹等的修复。目前，进行局部修补的方法很多，主要有密封法、补丁法、饮接管法、局部软衬法、灌浆法、机器人法等。

二十六、全断面修复

第一，内衬法。该法适用于管径 60 ～ 2500mm、管线长度 600m 以内的各类管道的修复。此法施工简单，速度快，可适应大曲率半径的弯管，但存在管道的断面受损失较大、环形间隙要求灌浆、一般只用于圆形断面管道等缺点。

第二，缠绕法。此法适用于管径为 50 ～ 2500mm、管线长度为 300m 以内的各种圆形断面管道的结构性或非结构性的修复，尤其是污水管道。

第三，喷涂法。此法适用于管径为 75 ～ 4500mm、管线长度在 150m 以内的各种管道的修复。

二十七、管道更新

第一，破管外挤。

爆管法的优点是破除旧管和完成新管一次完成，施工速度快，对地表的干扰少。可以利用原有检查井。其缺点是不适合弯管的更换。按照爆管工具的不同，又可将爆管分为气动爆管、液动爆管、切料爆管等三种。采用气动或液动爆管法对管道进行更新时，新管的直径可以与旧管的直径相同或更大，视地层条件的不同，最大可比旧管大 50%。

第二，破管顶进。

破管顶进法主要用于直径 100 ～ 900mm、长度在 200m 以内、埋深较大（一般大于 4m）的陶土管、混凝土管或钢筋混凝土管，新管为球墨铸铁管、玻璃钢管、混凝土管或则土管。该法的优点是对地表和土层无干扰。可在复杂的土层中施工，尤其是含水层。能够更换管线的走向和坡度已偏离的管道，基木不受地质条件限制。其缺点是需开挖两个工作井，地表需有足够大的工作空间。

第二节 城镇供热管网工程施工技术

一、供热管道的分类

第一，按热媒种类分类。

①蒸汽热网：可分为高压、中压、低压蒸汽热网。

②热水热网：高温热水热网：t>100℃；低温热水热网：t≤95℃。

第二，按所处地位分类。

①一级管网：从热源至换热站的供热管道系统。

②二级管网：从换热站至热用户的供热管道系统。

第三，按敷设方式分类。

①地上（架空）敷设：此种敷设方式广泛应用于工厂区和城市郊区。

②地下敷设：管道敷设在地面以下，由于不影响交通和市容，因而是城镇集中供热管道广泛采用的敷设方式。可分为管沟敷设和直埋敷设。

第四，按系统形式分类。

①开式系统：直接消耗一次热媒，中间设备极少，但一次热媒补充量大。

②闭式系统：一次热网与二次热网采用换热器连接，一次热网热媒损失很小，但中间设备多，实际使用较广泛。

第五，按供回分类：在压力管道分类中，供热管道属公用管道。

二、供热管道土建工程及地下穿越工程

第一，对工程施工影响范围内的各种既有设施应采取保护措施，不得影响地下管线及建（构）筑物的正常使用功能和结构安全。

第二，开挖低于地下水位的基坑（槽）、管沟时，应根据当地工程地质资料，采取降水措施或地下水控制措施。降水之前，应按当地水务或建设主管部门的规定，将降水方案报批或组织进行专家论证。在降水施工的同时，应做好降水监测、环境影响监测和防治，以及水土资源的保护工作。

第三，穿越既有设施或建（构）筑物时，其施工方案应取得相关产权或管理单位的同意。

第四，冬雨期施工要求。

①雨期开挖基坑（槽）或管沟时，应注意边坡稳定，必要时可适当放缓边坡或设置支撑、覆盖塑料薄膜，同时应在坑（槽）外侧围以土堤或开挖水沟，防止地面水流人。施工时，应加强边坡、支撑、土堤等部位的检查。

②土方开挖不宜在冬期施工。如必须在冬期施工时，其施工方法应按冬施方案进行。

③采用防止冻结法开挖土方时，可在冻结前用保温材料覆盖或将表层土翻耕耙松，其翻耕深度应根据当地气候条件确定，一般不小于03m。

④开挖基坑（槽）或管沟时，必须防止基础下的基土受冻结。如基坑（槽）开挖完毕后，有较长的停歇时间，应在基底高程以上预留适当厚度的松土，或用其他保温材料覆盖，地基不得受冻。如遇开挖土方引起邻近建（构）筑物的地基和基础暴露时，应采用防冻措施，以免发生冻结破坏。

第五，回填时应确保构筑物的安全，并应检查墙体结构强度、外墙防水抹面层硬结程度、盖板或其他构件安装强度，当能承受施工操作动荷载时，方可进行回填。

第六，穿越工程必须保证四周地下管线和构筑物的正常使用。在穿越施工中和掘进施工后，穿越结构上方土层、各相邻建筑物和地上设施不得发生沉降、倾斜和塌陷。

三、管道安装与焊接方案

在实施焊接前，应根据焊接工艺试验结果编写焊接工艺方案，应包括以下主要内容。

第一，管材、板材性能和焊接材料。

第二，焊接方法。

第三，坡口形式及制作方法。

第四，焊接结构形式及外形尺寸。

第五，焊接接头的组对要求及允许偏差。

第六，焊接电流的选择。

第七，检验方法及合格标准。

四、管道安装与焊接

第一，在管道中心线和支架高程测量复核无误后，方可进行管道安装。

第二，管道安装顺序：先安装干管，再安装检查室，最后安装支线。

第三，管道安装坡向、坡度应符合设计要求。

第四，钢管对口时。纵向焊缝之间应相互错开100mm弧长以上，管道任何位置不得有十字形焊缝。焊口不得置于建筑物、构筑物等的墙壁中。对口错边量应不大于下表的规定。

第五，管道两相邻环形焊缝中心之间的距离应大于钢管外径，且不得小于150mm。

第六，套管安装要求。

①管道穿越建（构）筑物的墙板处应按设计要求安装套管，穿过结构的套管长度每侧应大于墙厚20mm。穿过楼板的套管应高出板面50mm。

②套管与管道之间的空隙应采用柔性材料填充。

③防水套管应按设计要求制作，并应在建（构）筑物砌筑或浇筑混凝土之前安装就位，套管缝隙应按设计要求进行填充。

④套管中心的允许偏差为0～10mm。

第七，对接管口时，应在距接口两端各200mm处检查管道平直度，允许偏差为0～1mm，在所对接管道的全长范用内，最大偏差值不应超过10mm。

第八，不得采用在焊缝两侧加热延伸管道长度、螺栓强力拉紧、夹焊金属填充物和使补偿器变形等方法强行对口焊接。

第九，管道支架处不得有环形焊缝。

第十，壁厚不等的管口对接，应符合下列规定。

①外径相等或内径相等，薄件厚度小于或等于4mm且厚度差大于3mm，以及薄件厚度大于4mm，且厚度差大于薄件厚度的30%或超过5mm时，应将厚件削薄。

②内径外径均不等，单侧厚度差超过上款所列数值时，应将管壁厚度大的一端削薄，削薄后的接口处厚度应均匀。

第十一，焊件组对时的定位焊应符合下列规定：

①在焊接前应对定位焊缝进行检查，当发现缺陷时应处理合格后方可焊接。

②应采用与根部焊道相同的焊接材料和焊接工艺，并由合格焊工施焊。

③在螺旋管、直缝管焊接的纵向焊缝处不得进行点焊。

④定位焊应均匀分布，点焊长度及点焊数应符合规范要求。

第十二，在 0℃以下的环境中焊接，应符合下列规定。

①现场应有防风、防雪措施。

②焊接前应清除管道上的冰、霜、雪。

③应在焊口两侧 50mm 范围内对焊件进行预热，预热温度应根据焊接工艺确定。

④焊接时应使焊缝自由收缩，不得使焊口加速冷却。

第十三，不合格焊缝的返修应符合下列规定。

①对需要焊接返修的焊缝，应分析缺陷产生的原因，编制焊接返修工艺文件。

②返修前应将缺陷清除干净，必要时可采用无损检测方法确认。

③补焊部位的坡口形状和尺寸应防止产生焊接缺陷和便于焊接操作。

④当需预热时，预热温度应比原焊缝适当提高。

⑤同一部位的返修次数不得超过两次。

五、直埋管接头保温

第一，直埋管接头保温应在管道安装完毕及强度试验合格后进行。

第二，接头外护层安装完成后，必须全部进行气密性检验并应合格。

第三，预制直埋保温水管在穿套管前应完成接头保温施工。

第四，直埋蒸汽管道必须设置排潮管。钢质外护管必须进行外防腐。工作管的现场接口焊接应采用氩弧焊打底，焊缝应进行 100%X 射线探伤检查。

六、保温

第一，管道、管路附件和设备的保温应在压力试验、防腐验收合格后进行。

第二，保温材料进场时应对品种、规格、外观等进行检查验收，并应从进场的每批材料中，任选 1～2 组试样进行导热系数、保温层密度、厚度和吸水率等测定。

第三，当保温层厚度超过 100mm 时，应分为两层或多层逐层施工。

第四，当采用硬质保温制品施工时，应按设计要求预留伸缩缝。

第五，当使用软质复合硅酸盐保温材料施作时，应符合设计要求。当设计无要求时，每层可抹 10mm 并应压实，待第一层有一定强度时，再抹第二层并应压光。

七、支、吊架安装

支吊架承受巨大的推力或管道的荷载，并协助补偿器传递管道温度伸缩位移（如滑动支架）或限制管道温度伸缩位移（如固定支架），在热力管网中起着重要的作用。

八、固定支架安装应符合下列规定

第一，与固定支座相关的土建结构工程施工应与固定支座安装协调配合，且其质量必须达到设计要求。

第二，有轴向补偿器的管段。补偿器安装前，管道和固定支架之间不得进行固定。有角向型、横向型补偿器的管段应与管道同时进行安装及周定。

第三，周定支架卡板和支架结构接触面应贴实，但不得焊接，以免形成废点，发生事故。管道与固定支架、滑托等焊接时，不得损伤管道母材。

第四，固定支架、导向支架等型钢支架的根部，应做防水护墩。

第五，固定墩结构形式一般为矩形、单井、双井、翅形和板凳形。

九、阀门安装

第一，阀门进场前应进行强度和严密性试验，试验完成后应进行记录。

第二，阀门的开关手轮应放在便于操作的位置。水平安装的闸阀、截止阀的阀杆应处于上半周范用内。

第三，有安装方向的阀门应按要求进行安装，有开关程度指示标志的应准确。

第四，并排安装的阀门门应整齐、美观，便于操作。

第五，阀门吊装应平稳，不得用阀门手轮作为吊装的承重点，不得损坏阀门，已安装就位的阀门应防止重物撞击。

第六，安装完成后，进行两次或三次完全的开启以证明阀门是否能正常工作。

第七，焊接球阀阀板的轴应安装在水平方向上，轴与水平面的最大夹角不同大于60°，不得垂直安装。安装焊接前应关闭阀板，并应采取保护措施。

第八，焊接球阀水平安装时应将阀门完全开启。垂直管道安装，且焊接阀体下方焊缝时应将阀门关闭。球阀焊接过程中应对阀体进行降温。

十、补偿器安装

供热管道随着输送热媒温度的升高，管道将产生热伸长。如果这种热伸长不能得到释放，就会使管道承受巨大的压力，甚至造成管道破裂损坏。为了避免管道出现由于温度变化而引起的应力破坏，保证管道在热状态下的稳定和安全，必须在管道上设置各种补偿器，以释放管道的热伸长及减弱或消除因热膨胀而产生的应力。严禁用补偿器变形的办法来调整管道的安装偏差。

十一、土建与工艺之间的交接

管道及设备安装前，土建施工单位、工艺安装单位及监理单位应对预埋吊点的数量及位置、设备基础位置、表面质量、几何尺寸、高程及混凝土质量、预留孔洞的位置、尺寸及高程等共同复核检查，并办理书面交验手续。

十二、换热站内设施安装应符合下列规定

第一，蒸汽管道和设备上的安全阀应有通向室外的排气管，热水管道和设备上的安全阀应有接到安全地点的排水管。

第二，装设胀锚螺栓的钻孔不得与基础或构件中的钢筋、预埋管和电缆等埋设物相碰，且不得采用顶留孔。

第三，泵的吸入管道和输出管道应有各自独立、牢固的支架，泵不得直接承受系统管道、阀门等的重量和附加力矩。

第四，泵的试运转应在其各附属系统单独试运转正常后进行，且应在有介质情况下进行试运转，试运转的介质或代用介质均应符合设计的要求。泵在额定工况下连续试运转时间不应少于 2h。

十三、强度和严密性试验的规定

第一，一级管网及二级管网应进行强度试验和严密性试验。

强度试验的试验压力为 1.5 倍的设计压力，且不得低于 0.6MPa，其目的是试验管道本身与安装时焊口的强度。严密性试验的试验压力为 1.25 倍的设计压力，且不得低于 0.6MPa，它是在各管段强度试验合格的基础上进行的，且应该是管道安装内容全部完成，如零件、法兰等以及施焊工序全部完成。这种试验是对管道的一次全面检验。

第二，开式设备应进行满水试验，以无泄漏为合格。

第三，站内所有系统均应进行严密性试验。

十四、清（吹）洗的规定

第一，供热管网的清洗应在试运行前进行。

第二，清洗方法应根据设计及供热管网的运行要求、介质类别而定。可分为人工清洗、水力冲洗和气体吹洗。蒸汽管道应采用蒸汽吹洗。

第三，清洗前应编制清洗方案。方案中应包括清洗方法、技术要求、操作及安全措施等内容。清洗前应进行技术、安全交底。

第四，供热的供水和回水管道及给水和凝结水的管道，必须用清水清洗。

第五，清洗前，要根据情况对周定支架、弯头等部位进行必要的加固。

第六，供热管道用水清（冲）洗应符合下列要求。

①冲洗应按主干线、支干线、支线分别进行，二级管网应单独进行冲洗。冲洗前应先满水浸泡管道。水流方向应与设计的介质流向一致，严禁逆向冲洗。

②冲洗应连续进行并宜加大管道内的流量，管内的平均流速不应低于 1m/s。排水时、不得形成负压。

十五、试运行的规定

第一，供热管线工程应与换热站工程联合进行试运行。

第二，试运行应在设计的参数下运行。试运行时间应在达到试运行的参数条件下连续运行 72h。试运行应缓慢升温，升温速度不得大于 10℃/h。

第三，在试运行期间，管道法兰、阀门、补偿器及仪表等处的螺栓应进行热拧紧。热拧紧时的运行压力应为 03MPa 以下。

第四，试运行期间出现不影响整体试运行安全的问题，可待试运行结束后处理。当出现需要立即解决的问题时，应先停止试运行，然后进行处理。问题处理完后，应重新进行 72h 试运行。

第三节　城镇燃气管道工程施工技术

一、燃气管道根据用途分类

第一，长距离输气管道。

一般指将天然气田生产的天然气输送到远方城镇用户的管道系统，其干管及支管的末端连接城市或大型工业企业，作为供应区的气源点。它在压力管道分类中属长输管道。

第二，城镇燃气输配管道。

它在压力管道分类中属公用管道，按不同用途分为：

①输气管道：从气源厂向储配站或天然气门站向高压调压站或大型工业企业输气的管道。

②分配管道：在供气地区将燃气分配给工业企业用户、商业用户和居民用户。分配管道包括街区的和庭院的分配管道。

③用户引入管：将燃气从分配管道引到用户室内管道引入口处的总阀门。

④室内燃气管道：通过用户管道引人口的总阀门将燃气引向室内，并分配到每个燃具。

第三，工业企业燃气管道。

二、燃气管道根据输气压力分类

一般由城市高压或次高压燃气管道构成大城市输配管网系统的外环网，次高压燃气管道也是给大城市供气的主动脉。

三、燃气管道材料选用

高压和中压燃气管道，应采用钢管。中压和低压燃气管道，宜采用钢管或机械接口铸铁管。中、低压地下燃气管道采用聚乙烯管材时，应符合有关标准的规定。

四、室内燃气管道安装要求

第一，建、构筑物内部的燃气管道应明设。当建筑和工艺有特殊要求时，可暗装，但必须便于安装和检修。

第二，室内燃气管道不得穿过易燃易爆品仓库、配电室、变电室、电缆沟、烟道和进风道等地方。

第三，室内燃气管道不应敷设在潮湿或有腐蚀性介质的房间内。当必须敷设时，必须采取防腐蚀措施。

第四，燃气管道严禁引人卧室。当燃气水平管道穿过卧室、浴室或地下室时，必须采取焊接连接方式，并必须设在套管中。燃气管道的立管不得敷设在卧室、浴室或厕所中。

第五，在地下室、半地下室、设备层和地上密闭房间以及地下车库安装燃气引人管道应使用钢号的无缝钢管或具有同等及同等以上性能的其他金属管材，必须采用焊接连接。

第六，当室内燃气管道穿过楼板、楼梯平台、墙壁或隔墙时，必须安装在套管中。

第七，无缝钢管或焊接钢管应采用焊接或法兰连接。铜管应采用承插式硬纤焊连接，不得采用对接纤焊和软纤焊。煤气管可选用厚白漆或聚四氟乙烯薄膜为填料。天然气或液化石油气管选用石油密封脂或聚四氟乙烯薄膜为填料。

第八，燃气管道敷设高度（从地面到管道底部或管道保温层部）应符合下列要求。

①在有人行走的地方，敷设高度不应小于 2.2m。

②在有车通行的地方，敷设高度不应小于 4.5m。

第九，燃具与燃气管道宜采用硬管连接，采用软管连接时，家用燃气灶和实验室用的燃烧器，其连接软管长度不应超过 2m，并不应有接口，工业生产用的需移动的燃气燃烧设备，其连接软管的长度不应超过 30m，接口不应超过 2 个，燃气用软管应采用耐油橡胶管，两端加装轧头及专用接头，软管不得穿墙、窗和门。燃气管道应涂以黄色的防腐识别凄。

五、室外燃气管道安装基本要求

第一，地下燃气管道不得从建筑物和大型构筑物（不包括架空的建筑物和大型构筑物）的下面穿越。

第二，地下燃气管道埋设的最小覆土厚度（路面至管顶）应符合下列要求。

埋设在车行道下时，不得小于 0.9m。埋设在非车行道（含人行道）下时，不得小于 0.6m。埋设在庭院时，不得小于 0.3m。埋设在水田下时，不得小于 0.8m。当不能满足上述规定时，应采取有效的安全防护措施。

第三，地下燃气管道不得在堆积易燃、易爆材料和具有腐蚀性液体的场地下面穿越，并不宜与其他管道或电缆同沟敷设。当需要同沟敷设时，必须采取有效的安全防护措施。

第四，地下燃气管道穿过排水管（沟）、热力管沟、联合地沟、隧道及其他各种用途沟槽时，应将燃气管道敷设于套管内。

六、燃气管道穿越铁路、高速公路、电车轨道和城镇主要干道时要求

第一，穿越铁路和高速公路的燃气管道，其外应加套管，并提高绝缘、防腐等级。

第二，穿越铁路的燃气管道的套管，应符合下列要求。

①套管埋设的深度：铁路轨道至套管顶不应小于 1.20m，并应符合铁路管理部门的要求。

②套管宜采用钢管或钢筋混凝土管。

③套管内径应比燃气管道外径大 100mm 以上。

④套管两端与燃气管的间隙应采用柔性的防腐、防水材料密封，其一端应装设检漏管。

⑤套管端部距路堤坡脚外距离不应小于 2.0。

第三，燃气管道穿越电车轨道和城镇主要干道时宜敷设在套管或地沟内。穿越高速公路的燃气管道的套管、穿越电车轨道和城镇主要干道的燃气管道的套管或地沟，应符合下列要求。

①套管内径应比燃气管道外径大 100mm 以上，套管或地沟两端应密封，在重要地段的套管或地沟端部宜安装检漏管。

②套管端部距电车边轨不应小于 2.0m；距道路边缘不应小于 1.0m.

③燃气管道宜垂直穿越铁路、高速公路、电车轨道和城镇主要干道。

七、燃气管道通过河流要求

第一，利用道路、桥梁跨越河流的燃气管道，其管道的输送压力不应大于0.4MPa。

第二，当燃气管道随桥梁敷设或采用管桥跨越河流时，必须采取安全防护措施。

第三，燃气管道随桥梁敷设，宜采取如下安全防护措施。

①敷设于桥梁上的燃气管道应采用加厚的无缝钢管或焊接钢管，尽量减少焊缝，对焊缝进行100%无损探伤。

②跨越通航河流的燃气管道管底高程，应符合通航净空的要求，管架外侧应设置护桩。

③管道应设置必要的补偿和减振措施。

④过河架空的燃气管道向下弯曲时，向下弯曲部分与水平管夹角宜采用45°形式。

⑤对管道应做较高等级的防腐保护。

⑥采用阴极保护的埋地钢管与随桥管道之间应设置绝缘装置。

八、燃气管道穿越河底时要求

第一，燃气管道宜采用钢管。

第二，燃气管道至规划河底的覆土厚度，应根据水流冲刷条件确定，对不通航河流不应小于05m；对通航的河流不应小于1.0m，还应考虑疏浚和投锚深度。

第三，稳管措施应根据计算确定。

第四，在埋设燃气管道位置的河流两岸上、下游应设立标志。

第五，燃气管道对接误差不得大于3°，否则应设置弯管。

九、管道埋设的基本要求

第一，沟槽开挖。

①混凝土路面和沥青路面的开挖应使用切料机切料。

②管道沟槽应按设计规定的平面位置和高程开挖。当采用人工开挖且无地下

水时，槽底预留值宜为 0.05～0.10m。当采用机械开挖且有地下水时，槽底预留值不小于 0.15m。管道安装前应人工清底至设计高程。

③局部超挖部分应回填压实。当沟底无地下水时，超挖在 0.15m 以内，可采用原土回填。超挖在 0.15m 及以上，可采用石灰土处理。当沟底有地下水或含水量较大时，应采用级配砂石或天然砂回填至设计高程。超挖部分回填后应压实，其密实度应接近原地基天然土的密实度。

第二，沟槽回填。

①不得采用冻土、垃圾、木材及软性物质回填。管道两侧及管顶以上 0.5m 内的回填土，不得含有碎石、砖块等杂物，且不得采用灰土回填。距管顶 0.5m 以上的回填土中的石块不得多于 10%、直径不得大于 0.1m，且均匀分布。

②沟槽的支撑应在管道两侧及管顶以上 0.5m 回填完毕并压实后，在保证安全的情况下进行拆除，并应采用细砂填实缝隙。

③沟槽回填时，应先回填管底局部悬空部位，再回填管顶两侧。

④回填土应分层压实，每层虚铺厚度宜为 0.2～0.3m，管道两侧及管顶以上 0.5m 内的回填土必须采用人工压实，管顶 0.5m 以上的回填土可采用小型机械压实，每层虚铺厚度宜为 0.25～0.4m。

⑤回填土压实后，应分层检查密实度，并做好回填记录。

第三，警示带敷设。

①埋设燃气管道的沿线应连续敷设警示带。警示带敷设前应将敷设面压平，并平整地敷设在管道的正上方且距管顶的距离宜为 0.3～0.5m，但不得敷设于路基和路面里。

②警示带宜采用黄色聚乙烯等不易分解的材料，并印有明显、牢固的警示语，字体不宜小于 100mm×100mm。

十、燃气管网附属设备

为了保证管网的安全运行，并考虑到检修、接线的需要，在管道的适当地点设置必要的附属设备。这些设备包括阀门、补偿器、排水器、放散管等。

第一，阀门施工。对各种阀门还应核对规格型号，鉴定有无损坏，消除通口封盖和阀内杂物，检验密封程度。脆性材料（如铸铁）制作的阀门，不得受重物撞击，大型阀门起吊，绳子不能拴在手轮、阀杆或转动机构上。

第二，波形补偿器安装。应按设计规定的补偿量进行预拉伸（压缩）。补偿器安装应与管道保持同轴，不得偏斜。安装时不得用补偿器的变形（轴向、径向、扭转等）来调整管位的安装误差。

第三，排水器（凝水器、凝水缸）。为排除燃气管道中的冷凝水和石油伴生气管道中的轻质油，管道敷设时应有一定坡度，以便在最低处设排水器，将汇集的水或油排出。钢制排水器在安装前，应按设计要求对外表面进行防腐。安装完毕后，排水器的抽液管应按同管道的防腐等级进行防腐。

第四，放散管。这是一种专门用来排放管道内部的空气或燃气的装置。在管道投入运行时利用放散管排出管内的空气，在管道或设备检修时，可利用放散管排放管内的燃气，防止在管道内成爆炸性的混合气体。放散管装在最高点和每个阀门之前（按燃气流动方向）。放散管上安装球阀，燃气管道正常运行中必须关闭。

十一、燃气管道功能性试验

管道安装完毕后应依次进行管道吹扫、强度试验和严密性试验。

第一，管道吹扫应按下列要求选择气体吹扫或清管球清扫。

①球墨铸铁管道、聚乙烯管道、钢骨架聚乙烯复合管道和公称直径小于100mm或长度小于100m的钢制管道，可采用气体吹扫。

②公称直径大于或等于100mm的钢制管道。宜采用清管球进行清扫。

第二，管道吹扫应符合下列要求。

①管道安装检验合格后，应由施工单位负责组织吹扫工作，并在吹扫前编制吹扫方案。

②按主管、支管、庭院管的顺序进行吹扫，吹扫出的脏物不得进入已吹扫合格的管道。

③吹扫管段内的调压器、阀门、孔板、过滤网、燃气表等设备不应参与吹扫，待吹扫合格后再安装复位。

④吹扫口应设在开阔地段并加固，吹扫时应设安全区域，吹扫出口前严禁站人。

⑤吹扫压力不得大于管道的设计压力，且应不大于 0.3MPa。

⑥吹扫介质宜采用压缩空气，严禁采用氧气和可燃性气体。吹扫合格设备复位后，不得再进行影响管内清洁的其他作业。

第三，气体吹扫应符合下列要求。

①吹扫气体流速不宜小于 20m/s。

②吹扫口与地面的夹角应在 30°～45°之间，吹扫口管段与被吹扫管段必须采取平缓过渡对焊。

③每次吹扫管道的长度不宜超过 500m。当管道长度超过 500m 时，宜分段吹扫。

④当目测排气无烟尘时，应在排气口设置白布或涂白漆木靶板检验，5min 内靶上无铁锈、尘土等其他杂物为合格。

⑤当管道长度在 200m 以上，且无其他管段或储气容器可利用时，应在适当部位安装吹扫阀。采取分段储气，轮换吹打。当管道长度不足 200m，可采用管道自身储气放散的方式吹扫，打压点与放散点应分别设在管道的两端。

十二、强度试验

第一，试验压力。

一般情况下试验压力为设计输气压力的 1.5 倍，但钢管不得低于 0.4MPa，聚乙烯管不得低于 0.4MPa。

第二，试验要求。

①水压试验时，当压力达到规定值后，应稳压 1h，观察压力计应不少于 30min，无压力降为合格。水压试验合格后，应及时将管道中的水放（抽）净，并按要求进行吹扫。

②气压试验时采用泡沫水检测焊口。当发现有漏气点时，及时标出漏洞的准确位置，待全部接口检查完毕后，将管内的介质放掉，方可进行补修。补修后重新进行强度试验。

十三、严密性试验

第一，严密性试验应在强度试验合格、管线全线回填后进行。

第二，严密性试验压力根据管道设计输气压力而定，当设计输气压力 P ＜ 5kpa 时，试验压力为 20kPa。当设计输气压力 P ≥ 5kPa 时，试验压力为设计压力的 1.15 倍，但不得低于 0.1MPa。

第三，严密性试验前应向管道内充气至试验压力，燃气管道的严密性试验稳压的持续时间一般不少于 24h，实际压力降不超过允许值为合格。

十四、燃气管道非开挖修复技术

燃气管道更新修复技术主要有以下三种：裂管法修复技术；管道穿插技术；翻转内衬法修复技术。

第一，裂管法修复技术。

裂管法可以替换的旧管包括钢管、铸铁管等，可置入的新管包括 PE 管和钢管。一般一次更换旧管道的长度为 100m 左右。非常适用于燃气应急抢修和小区的支线改造，并且施工周期短，成本低，具有明显的经济效益和社会效益。但此种技术也有其局限性，如可能引起相邻管线的损坏。不适用于弯管的更换。分支的连接点需开挖进行。旧管碎片的去向混乱。可能影响新管的使用寿命。

第二，管道穿插技术。

①异径非开挖穿插法（穿插内衬法）。

天然气管道的口径可以比输送人工煤气的管道口径小，同时，PE 管的管壁光滑，输送能力比钢管提高 30%，因此在旧管道中穿插较小口径的 PE 管同样能够满足用户的需求。

②挤压穿插法。

均匀缩径法：该方法是把一定厚度的、外径略大于旧管的高密度聚乙烯管，用特制的均匀缩径设备径向缩小，再通过牵引设备拉入旧管中，之后撤掉拉力，并经过一定时间使聚乙烯管自动恢复或者给其一定内压使其恢复原 PE 管口径并紧贴旧管内壁。

"U"形穿插法（又称折叠内衬法）：修复后的管道兼备钢管和 PE 管的综合性能，衬管的厚度可根据修复管道的管径、输送介质、工作压力等因素作适当调整，以满足不同的工程需求。

第三，翻转内衬法修复技术主要特点。

①定点开挖且开挖量小，无污染，对周边环境影响小。

②施工设备简单，周期短。

③施工不受季节影响。

④适用各类材质和形状的管线。

⑤可提高管线的整体性能。

对于主要道路、河流及对周边环境影响较大的改造路段，翻转内衬法修复技术较为简便。

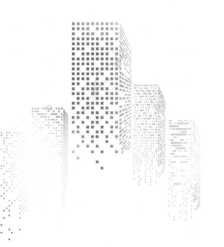

第四章

城市景观设计

第一节 城市景观设计与思维进展

一、城市景观规划设计与网络思维

网络是现代社会中使用频率最高的词汇之一。网络无处不在，从足球表面图案到围棋、蜂窝、树叶叶脉、心血管系统等，都呈现出不同的网络形态，其中网络也与城市景观设计有着内在的关系。关于城市意向五要素就清晰地表达了城市景观的网络特征。

第一，路径，即城市网络中的线。

第二，边界，即界定城市网络的边缘。

第三，区域，即一定范围城市网络中点、线、面的集合。

第四，节点，它可以是路网的交点，也可以是景观视线的交点，可以解释为城市网络中线性要素的交点。

第五，标志物，即众多节点中突出的节点。

只要了解网络概念，把握几个关键要素，人们就能很快获得一个城市的整体印象。这就要求通过理解城市景观存在的这种网络现象，并运用网络的思维方式去塑造城市景观，使之人性化，同时可以有机生长并符合自然发展规律。规划师和建筑师在景观规划设计中的思维不应是直线式和单向式的，而应是具有网状结构式的思维。只有具备了网络思维，才能更好地理解城市景观的网络特征，才能创造出联结性强、均匀性高、层次丰富、弹性好、样式多、可以持续发展并不断完善的城市景观网络。

（一）景观网络的基本概念

城市景观网络并非只是孤立的点、线、面的简单集合。由于城市是人类政治、经济、文化、社会活动的场所和载体，城市景观因人的存在和人的活动而具有意义。因此，只有把城市景观与人的活动联系起来作为一个网络系统去对待，才有可能产生高质量的城市景观设计。

1. 定义

网络是一系列相互连接的点和线构成的平面或空间网状物。在城市景观中，网络是各种景观元素组成或叠加形成的系统。城市景观网络是自然的或人工规划设计的相互连接的空间形态，主要由自然要素（如植被带、河流、山川）和人工要素（包括公园、街道、广场、建筑物）组合而成。在这个网络中，景观节点（如公园、广场、街头绿地、庭园等）和景观走廊（如街道、滨水开敞空间、楔形绿地）相互联系，共同构成一个有机、多样、高效、动态的景观结构体系，共同维持良好的城市感知效果以及城市与自然的和谐关系。城市景观网络有着自身独特的特征。

第一，景观网络是均匀的、单元独立的、易于拼接和可以生长（复制）的，具有连续性的。

第二，景观网络的元素不是简单的分散，而是一种形散而神不散的关系，分散的点、线、面都有内在的联系。

2. 构成

景观网络可以分成很多种。从层次上可以划分为宏观、中观和微观网络，宏观层面的景观网络可以是城市群或更大区域的景观或生态网络，中观层面的景观网络可以是城市里的绿地系统网络或广场网络等；微观层面的景观网络可以是某一街区或街坊等小范围的景观网络。从角色的转换上可以分为实体景观网络与空间景观网络，实体景观网络如街道两旁的建筑物系列与广场上的雕塑等构筑物系列所形成的实体网络；空间景观网络如建筑物所围合的街道、硬质广场空间和绿化水系空间等虚体网络。从景观网络的形态上可以分为方格网、蜘蛛网、树枝网和组合网络等。

3. 特征

（1）层次性

城市景观网络的各个元素都是有层次的，包括景观节点、景观轴线和景观区域。不同层次的景观元素服务于不同等级的区域范围，并产生影响。就一个城市而言，标志性建筑也有层次性，包括全市的、区域的、一个街道的或地段的建筑。如果本身应该是区域性的标志，就不要使其成为全市性的标志，否则将得不偿失。这样不仅会降低其美学价值，而且要付出极大的经济代价和社会代价，甚至是政治代价。

（2）交换性

在城市景观节点和景观区域之间的交汇地带，通常会存在多种能量的流动、物质循环，以及信息的传递和交融，如人流、物流、车流、信息流等。在进行城市规划和景观设计时，节点和通道的处理就显得尤为重要。因此，节点处的建筑、广告、绿地、广场等设计应该结合景观要求，为各种物态和信息的交流与互换提供多种可能的、互通式和无障碍的联系。

（3）联结性

联结性即指城市景观要素之间存在一定的联系。一般而言，城市网络主要是通过道路网络来联系的，而景观网络通常和道路的网络有重叠的关系。然而，景观网络并非被动地服从道路网络，应该重视生态景观网络在生态恢复、经济发展、社会学等方面的作用。因此，在进行城市规划设计中，景观网络与城市道路网络的要求应该同时考虑，而且景观网络可以比城市道路网络考虑得提前一些。

（4）多样性

景观的类型多种多样，包括铁路、公路、街道、河流、山脉、广场、建筑群体、公园、街头绿地等。它们共同反映了景观的不同类型和不同层次。城市社会是多元化的社会，否则是不公平的，应该让不同的利益团体、不同的群体各得其所，真正地体现城市景观的多样性。

（5）有序性

事物发展的一般规律都是从小到大、从短到长、从慢到快、从点到线、从线到面、从面到体的。在城市建设中，网络发展的次序性与资源有关。尤其是在当前资源较为匮乏的条件下，建设的次序性显得尤为重要。必须先做最紧急的、最需要的事，也就是最有效的事。

（6）有效性

景观网络质量的高低直接体现在空间格局与景观生态功能两个方面，它可以反映景观网络的有效利用状况。一个成功的城市景观网络可以充分发挥其有效的作用，也就是它能够很好地满足各类人群的需求，可以成功地避免负荷过重或是空闲无用这两种极端状态。

（二）景观网络的主要作用

1. 城市功能

从城市生命系统看，景观网络有以下几个功能：

（1）促进新陈代谢

因为城市是个有机体，必须通过螺旋式的、而不是呆板的状态让它循环，城市景观网要起到这样的作用。

（2）平衡社会生态

从景观网络的层次性出发，根据不同的人口分布及各个阶层不同的需求进行布局，以满足各类人的活动需求。

（3）协调人与自然

人工的东西过于集中将会形成对自然的破坏和对抗，通过融合与渗透的手法，把生态景观线或面引入进来，从而缓解这种人工物过于集中而造成的对自然生态的压力与矛盾。

（4）形成安全格局

通过景观网络中人与动、植物的交流、动、植物之间的交流，形成合理、安全的距离，以维护生态的可持续过程。

2. 人本意义

人本意义指的是城市景观网络对人的作用。人本意义不仅体现于城市景观网络的创造者，在规划设计城市景观网络时，而且还要考虑如何去服务周围的人，包括不同阶层的人，特别是那些易于被忽视的弱势群体。人是平等的，人又是多种多样的，所以城市景观网络要体现多样性。对城市景观网络的塑造要考虑使用的方便和宜人的空间尺度。

很多城市花了很多钱去建设大广场、景观大道等形象工程，但景观效果并不理想。这是因为其决策者和设计者没有明白城市景观网络中的关键点在哪里，关键的线和面在哪里。城市社会由多样化的人组成：有富人，有穷人；有受过良好教育的人，也有没有受过教育的人，有不同种族的人、不同年龄的人。这种多样化要求在景观规划中满足各种不同社会群体的需求。

3. 审美价值

城市景观网络的构建不仅要考虑景观的空间格局和其生态功能，使其展现出可以被人直接感知的网络空间形态，还要考虑其审美价值。景观网络的设计应符合形式美的基本法则，即遵守节奏与韵律、均衡与稳定、对比与微差、尺度与比例、理性与浪漫等。

（1）节奏与韵律

由相同的元素或几种元素合成一个单元，再像细胞一样不断叠加生长，形成不同层次的城市景观网络，这也包含了很多审美的意义。例如，澳门市政厅前广场铺地，具有强烈的节奏韵律感，不断地重复、不断地叠加与生长，具有网络的意义。广西少数民族村庄的民居，具有相同的建筑形式，如吊脚楼，运用了相同的建筑符号。

（2）均衡与稳定

城市景观网络的各种要素之间的排列与组合，须讲究各种要素比例的均衡与稳定。为了避免呆板，时常除了均匀、规律、对称等形式外，还有渐变、起伏、交错和非对称的处理，追求静态与动态的结合，讲究动态的平衡与稳定。

（3）对比与微差

在城市的景观塑造过程中，对轴线、走廊、节点、标志、景区等景观元素的塑造，一般都会注重虚实的对比或阴阳的对比与和谐。有时运用均质中突然产生变异的景观处理手法，能给人万绿丛中一点红、耳目一新和相得益彰的美感。

（4）尺度与比例

小尺度的景观给人亲切感，人们易于亲近和把握，如中国古典园林中就有很多这样的造园要素，诸如假山、水池、凉亭、长廊、小桥和盆景等。大尺度的景观易给人开阔、雄伟、磅礴的气势，如大江大河、人造大地景观等。不同的比例和尺度会给人不同的感官刺激和美的感受。

（5）理性与浪漫

理性与浪漫体现的恰恰是中文化的差异。东方文化是感性而含蓄的，就审美价值而言，它追求自由、曲折，强调曲径通幽和步移景异的效果。而文化是理性且裸露的，它追求规则、直率和一览无余的效果，如意大利的台地园和法国的几何园。

（三）景观设计的网络思维方法

网不同于单调的线，它是由众多的线纵横交织构造起来的，因此呈现出丰富、生动和复杂的格局。既然城市景观具有网络特征，景观规划设计师在景观设计中的思维就不应该是直线式的或单向式的，而应该具备有网状结构式的网络思维。所谓网络思维包含以下特征。

1. 多元互动

多元互动体现的是一种多元的价值观。现在投资主体出现多元化的趋势，投资商、企业、老百姓以及不同利益团体的意见都要充分地反映和体现，而且这也应该受到法律的保护。如城市规划的公众参与就是城市规划历史上的最大变革，也是城市规划摒弃精英思想，逐渐走向制度化、走向成熟的标志。这是历史发展的趋势。

2. 系统综合

景观设计者的思维方式必须是系统综合的。这就要求在景观设计中自觉地把各种景观要素作为一个系统，每一个系统都是一个网络；而系统与它所处的环境又构成更高一级的系统，即组成更大的网络。在景观规划设计中，应该善于运用系统思维，分出层次、重点和次序。

3. 动态思维

随着城市社会的进步和信息化时代的到来，不同区域、不同职业、不同社会地位的人们之间的交往越来越多，思想和文化价值观呈现出多元化和碰撞频繁的趋势，影响景观规划设计的价值观的变化也在加快。因此，需要具有时空转换、步移景异、时过境迁的时空动态思维，敏锐地发现和及时抓住城市景观中的新现象和新征兆，敢于创新，以促进城市景观网络的形成和完善。

（四）当前城市景观设计和实施中的某些弊端

从网络的视角来观察城市景观问题，可以发现存在的一些弊端：

第一，网络的联结性减弱。网络的联结性影响到网络的整体综合效能的发挥。一些城市的景观大道单纯为了汽车交通服务，其宽阔的非人尺度的车行道、中心绿化带和过快的车行速度给人行交通带来很大的不便，隔断了街道两侧居民的生活联系，割裂了城市，使城市的某些部分呈现孤岛的效应。

第二，网络的均匀性破坏。景观网络均匀性遭到破坏，主要表现为景观要素在地域上分布不均，特别是供人们休闲的城市绿地和广场数量不够，使城市各部分的居民不能平等享受公共空间和良好的景观。

第三，网络的层次性不够。一些城市往往热衷于城市形象工程的景观大道和大广场，为了突出个别市级景观大走廊、城市广场，而忽视更多的、更适宜人们日常使用的街头小绿地和小游园，小广场等。

第四，网络的多样性降低。很多城市大到整个城市风貌，小到居住小区景观，单调、雷同，缺乏多样性。这种情况往往导致人们感到心灵空虚，生活乏味。

第五，网络的弹性丧失。网络弹性丧失主要体现于景观走廊弹性的丧失，突出表现在对城市水系的功能和景观价值的无知。例如，在河道整治美化过程中，走入了八化的误区。

①硬化，即以混凝土代土，减少生物多样性。

②桶化，即高坝围合，阻隔景观通道。

③真化，即裁弯取直，破坏自然遗存。

④简化，即砍树削坡，消除视觉弹性。

⑤非化，即挖沙取石，损害自然面貌。

⑥紧化，即空间压迫，挤占活动场所。

⑦美化，即变明为暗，隔绝人水联系。

⑧污化，即排放三废，形成感官污染。

城市景观中一旦出现了类似八化做法后，便使城市景观网络丧失弹性，失去其生态平衡和良性循环的功能。结果使空气调节能力不断下降，城市热岛效应愈加明显，生物的新陈代谢难以为继，景观的审美价值也受到影响，最终必然导致城市整体环境不断恶化和难以恢复。

城市景观规划师只有具备了网络的思维方法，才能更好地理解城市景观的网络特征，才能创造出联结性强、无效性高、层次性丰富、弹性强、样式多、并可以持续发展和不断完善的城市景观网络，形成丰富而富有活力的城市景观空间。

二、环境设计理念创新与实际操作

（一）以人为本体现博爱环境设计的最终目的

人们规划的不是场所，不是空间，也不是物体；人们规划的是体验——首先是确定的用途或体验，其次才是随形式和质量的有意识的设计，以实现希望达到的效果。场所、空间或物体都根据最终目的来设计，以最好的服务并表达功能，最好的产生所欲规划的体验。这里所说的人们，是指景观设计的主体服务对象。规划的是他们在景观中所欲得到的体验，而不是外来者如旅游者，设计师和开发商的体验。但这一点很容易忽略。设计师和开发商会将自己认为好的景观体验放在设计中强加给景观真正的使用者。例如，在历史文化名城保护中所强调的生活真实性就是针对当地人而言的。

在景观规则设计中，设计师对主体服务对象—使用者的充分理解是很必要的。在景观规划设计中，人首先具有动物性，通常保留着自然的本能并受其驱使。要合理规划，就必须了解并适应这些本能，同时，人又有动物所不具备的特质，他们渴望美和秩序，这在动物中是独一无二的。人在依赖于自然的同时，还可以认识自然的规律，改造自然，所以，理解人类自身，理解特定景观服务对象的多重需求和体验要求，是景观规划设计的基础。人是可以被规划、被设计的吗？答案显然是否定的。但人是可以被认识的，所以，不同的人在不同的景观中的体验是可以预测的，什么样的体验是受欢迎的也是可以知道的。人的体验是可以被规划的。如果设计师所设计的景观使人们在其中所得到的体验正是他们想要的，那么就可以说，这是一个成功的设计。

（二）尊重自然显露自然

古代人们利用风水学说在城址选择、房屋建造、使人与自然达成天人合一的境界方面为提供了极好的参考榜样。今天在钢筋混凝土大楼林立的都市中积极组织和引入自然景观要素，不仅对达成城市生态平衡，维持城市的持续发展具有重要意义，同时以其自然的柔性特征软化城市的硬体空间，为城市景观注入生气与活力。现代城市居民离自然越来越远，自然元素和自然过程日趋隐形，远山的天际线、脚下的地平线和水平线，都快成为抽象的名词了。儿童只知水从铁管里流出，又从水槽或抽水马桶里消失，不知从何处来又流往何处，在全空调的办公室中工作的人们，就连呼吸一下带有自然温度和湿度的空气都是一件难得的事，更不用说他对脚下的土地的土壤类型、植被类型和植物各类有所了解。如同自然过程在传统设计中从大众眼中消失一样，城市生活的支持系统也往往被遮隐。污水处理厂、垃圾填埋场、发电厂及变电站都被作为丑陋的对象而有意识地加以掩藏。自然景观及过程以及城市生活支持系统结构与过程的消隐，使人们无从关心环境的现状和未来，也就谈不上对于环境生态的关心而节制日常的行为。因此，要让人人参与设计、关怀环境，必须重新显露自然过程，让城市民居重新感到雨后溪流的暴涨、地表径流汇于池塘。通过枝叶的摇动，感到自然风的存在；从花开花落，看到四季的变化；从自然的叶枯叶荣，看到自然的腐烂和降解过程。显露自然作为生态设计的一个重要原理和生态美学原理，在现代景观设计中越来越得到重视。景观设计师不单设计景观的形式和功能，他们还可以给自然现象加上着重号，突显其特征引导人们的视野和运动。设计人们的体验。在这里，雨水的导流、收集和再利用的过程，通过城市雨水生态设计可以成为城市的一种独特景观。在这里，设计挖地三尺，把脚下土层和基岩变化作为景观设计的对象，以唤起大城市居民对摩天大楼与水泥铺装下的自然的意识。在自然景观中的水和火不再被当作灾害，而是一种维持景观和生物多样性所必需的生态过程，自然生态系统生生不息，不知疲倦，为维持人类生存和满足其需要提供各种条件和过程，这就是所谓的生态系统的服务。自然提供给人类的服务是全方位的。让自然做功这一设计原理强调人与自然过程的共生和合作关系，通过与生命所遵循的过程和格局的合作，可以显著减少设计的生态影响。

（三）保护资源、节约资源

设计中要尽可能使用再生原料制成的材料，尽可能将场地上的材料循环使用，最大限度地发挥材料的潜力，减少生产、加工、运输材料而消耗的能源，减少施工中的废弃物，并且保留当地的文化特点。

高效率地用水，减少水资源消耗是生态原则的重要体现。一些景观设计项目，能够通过雨水利用，解决大部分的景观用水，有的甚至能够完全自给自足，从而实现对城市洁净水资源的零消耗。在这些设计中，回收的雨水不仅用于水景的营造、绿地的灌溉，还用作周边建筑的内部清洁。水的流动、水生植物的生长都与水质的净化相关联，景观被理性地融合于生态的原则之中。尽管从外在表象来看，大多数的景观或多或少地体现了绿色，但绿色的不一定是生态的。设计中应该多运用乡土的植物，尊重场地上的自然再生植被。自然有它的演变和更新的规律，从生态的角度看，自然群落比人工群落更健康，更有生命力。一些设计师认识到这一点，他们在设计中或者充分利用基础上原有的自然植被，或者建立一个框架，为自然再生过程提供条件，这也是发挥自然系统能动性的一种体现。

三、景观工程规划设计理念及手法

近年来随着人们对景观认识的加深，景观已成为城市规划上档次的一种时髦用语，城市景观建设以补课的方式超负荷发展，一夜之间可以诞生众多的景观规划师、设计师在规划、设计、克隆的比比皆是，众多的能工巧匠奋战在夜与昼的工地上，鱼目混珠，所以景观行业需要规范、纠偏，需要有个性化、经典的指导景观设计作品。

（一）景观设计事务所景观设计理念和手法

钻石有别于玻璃，月亮有别于星辰，好的案子需要有创新理念，好的主题需要好的景观设计事务所和景观师去创造、去实现。

优秀景观设计事务所——创新理念优秀景观设计师团队——务实手法优秀景观设计所具有蓝海战略，也就是在国家、区域、城市板块移动建设中具有超前的理性战略目光，合理确立景观所的设计宗旨和企业发展的战略。

景观设计事务所设计理论：地景规划，生态复原，精神文化三位一体。居住、生存、发展是人类永恒的三元主题，人类与自然界在生态、社会、文化、经济上都是相互依存的，人类能否在某个地方定居下来，主要取决于这个地方的环境条件是否满足人们的三种需要——生存需要、安全需要和精神需要。

1. 地景规划——场景（主题）——物态景观——大地肌理美

是一个空间场所序列的布局，应达到承载容量、比例尺度、形态大小、人、建筑和环境的和谐。因此地景规划是确立绿地景观生态网络系统规划设计的理念，是顺应地脉生态发展肌理的场所主题景观规划，在做景观规划时要了解大业主（城市运营商——政府、地产开发商等）需要什么、小业主需要什么，同时也了解母体——土地的承载容量是多少，只有对土地承载容量进行详尽的分析，对土地上下承载的建筑物（住宅体和活动硬质空间）、人、植物、动物、微生物，在满足基本功能的前提下进行保护性、创新性、能量释放性的主题景观空间规划，才能按景观规划师的理念将景观造景元素组合成为有序的可持续发展的景观系统，使地形地貌的动感空间和建筑物静态空间序列实现互动，也就是人与自然的和谐。

2. 生态复原——情景（升华）生态景观——感受生态美

视觉——感觉——启迪，人对场景感悟升华着意识，多维潜移着拓扑出生态情景空间，生态复原设计理念不是单纯的绿色植物生态设计，人和其他物体都需要有一个适宜的空间，在这个空间里，人是主体，但又是生态系统里的一部分，是一个赏景的动体，又是一个景观造景动静态元素，景与观是互动的，以人为本和以生态为本并重的设计才是生态设计，当然生态复原设计包含属地原生态上的保留原生态土质的重要性：自然界是具有生物多样性、物种多样性、基因多样性的生态系统，是由食物链构成的生态金字塔，塔底是孕育万物的土壤、水分等，其上为微生物、昆虫等分解者，位于分解者之上的是将太阳光、水转化为有机物并产生氧气的植物，塔顶为消费者的动物和人类。原有的地球生态系统是亿万年演化而成的，在自身系统内可以完成物质的循环和能量的转换，所以属地原生态表土的保持相当重要，而以往在城市、住区的开发建设中常常忽视这一点，随意弃土、回填土、整土会无意中破坏大地的平衡和生物多样性的原生态环境。因此尽可能保留城市、住区的本土是生态复原的基础。在规划时既要注意借景（山、水、树）同时既要保护土壤、防止原生态水土流失，又要做好地形地貌，保护原生态水土流失和形成地形地貌可使原有自然生态系统的保留仅存的野生生物顺着绿脉而得以生存繁衍，而人作为城市和住区的生物主体，也和其他生物一起共生共存。因此在城市，住宅空间规划时既要注意借景（山、水、树）保护土壤，防止原生态水土流失，又要做好地形地貌，形成多样性的地形地貌小环境。起伏的地形是自然界的表象，形成起伏的地形，有一种亲近自然的感觉，有了地形环境的多样性才可能有植物的多样性,生物的多样性,因为人类向往的聚居环境包含了海滨、河流、谷地、森林、岛屿,而森林大部分生长于地形起伏的山岭中,对于绿地面积有限的城市、住区来说,模拟自然的地形是至关重要的,这不仅可以增加绿地面积,形成区域小环境、小气候,有利于地表径流,有利于排水,在南方因地下水位过高引起的植物种植难度系数可相对降低,有利于栽植高大怕湿性景观植物,如雪松等各种各样的植物种类,丰富景观层次,使各类植物在层次上有变化、有景深,有阴面和阳面,有抑扬顿挫之感,进而可做到生态、视觉景观和大众行为的三位一体。

所以生态复原、原始自然不是返古,是归真,了解宗地的自然属性,使建筑、人、生物和谐共处,达到建筑与人、环境的互动,自由展现自己,城市景观、住区景观大多是人工创造的第二自然,但生物有其生存的最低要求,如树木有其生长空间才会生存,大树在上(领袖主导地位),中树居中(承上启下),小树小灌木(地被衬垫),自身平衡,少修剪,这是生态设计复原的一部分。而大色块修剪形成顶层密集绿叶,内部通风不畅易形成病虫害,这不是一种生态设计的做法,达到了形态美但达不到生态美。

在郊区城镇化、住宅郊区化大发展的今天和未来农村人进城、进镇、进生活园区的前提下,生态复原是设计师应遵循的景观生态设计理念。景观在短时间内推倒重来不是生态复原,是出现了景观垃圾,是对大地资源的极大浪费。生态设计是考虑未来的设计。结合雨水收集的水系景观要素规划设计,水是生命的起源,如果把植物比喻成水塔,那水就是其源泉和本底,自然界的水系也是洪水等灾害疏解的渠道。湿地是自然界最富多样性的生态景观和人类最重要的生态环境之一,具有独特的生物多样性,同时湿地系统也是孕育生命的生态系统,建设城市、城镇、住区的水景湿地,有助于改善住宅的生态环境质量和可持续发展。水系利用原则,城市收集和排水系统基于生态观点的设计模式是阻止和收集——减缓地表径流——蓄水——缓释和灌溉利用。

3. 精神文化——意境(意识)——意态景观——哲学美

哲学层面美,是意识流,是一种融化实体和虚体之间的精神,有文化才可能升值,赋予景观的文化内涵,生态文化(自然美)或社区文化(交流层面),生活品位、品质的提高就在于设计理念的升华,就会产生经典的作品,在感悟昨天的历史中对今天的景观进行着实施，就必须要考虑实施景观未来的结果，这就是景观文化，如草坪中随意的几块石头让人感受到一种朴实的乡村气息——乡土文化；再如民族文化、地域文化等。

优秀景观师具备的素质：

第一，忠诚度。设计理念不断纵横发展，个案设计手法多变，现代、传统、自然的、中西合璧，在擅长的领域充分发挥。

第二，勤奋度。好好学习、天天向上的精神，要了解景观设计的上下左右衔接关系。

第三，专业度。具有专业综合知识、创新能力素质，景观设计师创造的是作品不是产品，应能把握、高、中、低的景观经济度。

第四，职业度。理念是思维的起源，手法是表现的工具，景观设计师是舵手，不是单纯的玩概念、玩空间的设计，要用心去创造一个新景观。不是价格高的投入的就是好的作品，关键要把握住设计的效果。要有从方案到施工的全程景观经济考虑，对做的案子要有把握是全局、细节是上帝的态度，对每一个细节不放过，善于处理现场的技术难点。

（二）景观设计的步骤

1. 方案

了解基地要细，对宗地的自然属性、周边环境，委托方的要求要吃透，在此基础上进入下一步工作。

方案设计要有经典意识和创新意识，并将文化融入其中，彰显自己的强项，这与景观设计师的教育背景有关，加强自己的弱项学习，创造人与环境的对话，重归人性的场所，在景观视觉走廊的所到之处，皆体现到这一切。

2. 扩初

方案进一步优化，多听意见，但设计师一定要是景观思想的综合者，在主题思想确立后，是不会也不能大变的，是说服其他人的工作（包括土地运营商、开发商）。

3. 施工图

是扩初的深化，是施工前的关键程序，任何闪失都可能成为败笔，尺度、节点、细节的精致性，这都为下一次的景观具体实施提供了保证。

4. 施工现场服务

设计图交底，现场服务指导，是必须做的，因为景观施工的效果是设计师把握的。景观总设计师会随施工进度需要派出设计代表在现场把握，进行跟踪服务，对现场的突发情况进行现场快速变更，有利于工程顺利进行。

5. 竣工效果

应该是生长的景观、经典的景观。

（三）设计与施工的关系

1. 密切配合

设计是关键、施工是保证，养护是永续。

一个优秀的经典作品必须是设计和施工的完美结合，设计好不等于实施效果好，施工队伍水平差，就会发生领悟不够，再加上缺少与设计人员的沟通，景观实施的效果就会更差，因为效果图不是现实，所以必须要有一个领悟能力、配合能力极强的景观项目经理，配备强有力的施工班底，带领施工队完成景观施工，否则景观设计效果很难达到一个完美的程度，同时需要设计人员下工地，设计师到现场全程化跟踪项目，真正使效果图、蓝图变成现实。

2. 注意事项

无论是施工人员，还是设计人员，现场出现的变化应随时沟通，进行设计变更，防患于未然，并为养护打下基础。

四、城市景观规划与景观设计方法

城市，作为一种物质的表现，是一种可以看到的物质形态。城市规划是一定时期内城市发展的目标和计划，是城市建设综合部署。其目的是通过城市与周围影响地区的整体研究，为居民提供良好的工作、居住、游憩和交通环境。

（一）城市规划与城市景观

城市景观，是对土地功能的利用，是在对土地的性质研究后对之做出的综合利用，如哪些可用于建怎样的建筑，哪些最好用作公共绿地，哪些应保持其现状。

城市的美，不仅仅意味着应有一些美丽的公园、优秀的公共建筑，而且城市的整个环境乃至细部都应是美的。这些内容构成了城市风景的所有东西，都是城市景观设计的题材。景观设计除了必须满足其适当的功能外，还应符合客观的美学原则，即形式美原则。

规划师、建筑师、道路工程师在自己的工作中都必须表现精巧的美，但又必须组成一个具有同一性的画面，即它们联合在一起形成新的城市景观。例如，上海浦东的陆家嘴上，有南京东路纵轴线延长线上建成的亚洲第一高度的东方明珠电视塔。其建成后所得到的景观，是一种新的因素，是南京路空间的延伸与定位。

城市的景观应反映城市的性质与规模。城市规划工作在确定城市规模与性质后，其景观设计就应反映城市的性质。如历史文化名城西安的城市景观组织中透着浓郁的古都气息；首都北京的长安街政治气氛浓重；杭州作为旅游城市，山光水色气脉相连，自然景物与人文环境融洽。

城市景观，还应反映城市各物质要素之间功能分区与布局。随着国定工业化的发展，各地不断出现了工业城市、工业区，一些现代化的厂房、高炉、水塔、码头等建筑物、构筑物和设施，就成为这类城市的景观。

原有的城市景观对城市发展的作用不可忽视。自然的水域和丘陵，原有的建筑物的类型，都是景观设计的创作之源。

（二）城市景观形成要素

人们对一个特殊的景观或整个城市的印象，不仅仅来源于视觉，对城市的印象，还来源于自身的回忆、经验、周围的人群等等，每个人在自己的环境中建立起关于城市局部的印象，形成一系列在精神上或心理上的相互联系的形象，但一个城市的基本形象则是他同时代人所共同的感受。

每一个建筑物都会影响城市景观的细部，并可能影响到城市形象的整体。人们共同的心理上的城市图像是人们所看到的许多东西的综合。

构成城市景观的基本要素有路、区、边缘、标志、中心点五种：

路：一个城市有主要道路网和较小的区级路网。一个建筑有几条出入的路。城市公路网是城市间的通道。路的图像主要是连续性和方向性，因此应构成简单的系统，起点和终点要明确。路旁的建筑和空间特性是方向性的基础，有助于对距离的判断。

区：它是较大范围的城市地区，一个区应具有共同的特征和功能，并与其他区有明显的区别。城市由不同的区构成，如居住区、商业区、高等学校教学区、郊区等等。但有时它们的性质是混合的，没有明显的界限。

边缘：区与区之间的界限是边缘。有的区可能完全没有边缘，而是逐渐混入另一区。边缘应能从远处望见，也易于接近，提高其形象作用。如一条绿化地带、河岸、山峰、高层建筑等都能形成边缘。

标志：是城市中令人产生印象的突出景观。有些标志很大，能在很远的地方看到，如电视塔、摩天楼；有些标志很小，只能在近处看到，如街钟、喷泉、雕塑。标志是形成城市图象的重要因素，有助于使一个区获得统一。一个好的标志既是突出的，也是协调环境的因素。

中心点：中心点也可看作是标志的另一种类型。标志是明显的视觉目标，而中心点是人们活动的中心。空间四周的墙、铺地、植物、地形、照明灯具等小建筑物的布置和连贯性，决定了人们对中心点图像的形成能力。

道路、区、边缘、标志和中心点是城市图像的骨架，它们结合在一起构成了城市的景观，在城市规划时，应创造出新的、鲜明的景观，以激起人们对整个城市的想象。

（三）城市远景和轮廓线的作用

每个城市都可能有引人注目的远景景观。进入和离开城市的景观是城市的珍品，是城市景观设计的重点，需要保护一些有价值的城市景观，或采取某种手法，去平衡这些景观。

城市的轮廓线是城市生命的体现，如上海的外滩建筑群轮廓线，同时也是城市潜在的艺术形象，城市轮廓线是城市的远景，是唯一的。对每一幢可能改变城市轮廓线的建筑都应研究它与城市的整体关系，特别是远离市中心的一幢较小的塔式建筑，常能使城市轮廓线得到改进。

远景和轮廓线的另一景象是夜里的灯光，富有戏剧性的灯光以及黎明和黄昏的朦胧的阳光提高了城市的艺术感染力。

（四）城市各类中心的景观设计

在城市里，由于一定地域内会聚集成特定的功能分区，因此就存在着各类功能不同的中心，一般可分为：城市中心、市民广场。城市的景观设计与这两类中心景观设计密不可分。

1. 城市中心的景观设计

城市中心是城市的主要行政管理、商业、文化和娱乐中心的区域，是表现城市有价值特性最有利的位置，在这里，人们对这个城市个性的认识得到强化。城市中心的功能是根据城市规划决定的。因为中心规划是城市规划的一部分。

城市中心的景观能否产生良好的视觉印象，应从以下几个方面考虑：市中心有什么远景可以眺望？怎样使人去观看重要的建筑物？这些建筑物与重要的特征的地点之间有什么视觉联系？哪些建筑物在城市景观中应有重要作用？能赋予统一性和多样性的因素是什么？对这样一些问题在城市中心景观设计中，都应做出回答。

2. 市民广场的景观设计

市民广场具有多样性，它是指由各种用途的道路、停车场、沿街建筑的前沿地带。由建筑组成的空间形式有三种。

第一，市民集合的主要广场，它一般与市政厅或其他市民建筑相结合。

第二，娱乐建筑的空间，如影剧院、宾馆前面的供人流集散的广场。

第三，购物的空间，如商业街、商业区和市场以及办公建筑所围成的空间。

市民广场上的公共建筑物对广场景观起着决定性作用。作为街景的公共建筑，其立面处理的重点，应放在完整的街道立面上，而不要强调个别建筑物的立面；作为纪念碑式公共建筑，在造型、位置和高度上应是一个视线焦点，是可以被人们欣赏的主要景观。

使用轴线可以使多个空间相互发生关系，是景观设计的一般方法，如北京天安门广场的理想的视点，于是建筑物变成了一个有镜框的焦点。在一个对景上集中的街道愈多，获得的狭长景观也就愈多。

市民广场应有一定的比例和尺度，当广场的地面过大，使建筑物看上去像是站在空间的边缘，墙和地面分离开来，使空间的封闭感消失，广场的景观也随着发生质的变化。

第二节 城市景观设计与生态融合

一、城市滨水区多目标景观设计途径

城市滨水区作为城市中人类活动与自然过程共同作用最为强烈的地带之一，其规划涉及多学科、多方面的问题，要求设计人员以综合的视角、进行多目标的规划设计。

同时认为目前国内的滨水区规划仍存在目标单一和片面的不足，进一步提出了旨在协调人与自然关系的景观设计应是多目标的。

城市滨水地带的规划和景观设计，一直是近年来的热点。滨水区设计的一个最重要特征，在于它是复杂的综合问题，涉及多个领域。作为城市中人类活动与自然过程共同作用最为强烈的地带之一，河流和滨水区在城市中的自然系统和社会系统中具有多方面的功能，如水利、交通运输、游憩、城市形象以及生态功能等等。因此滨水工程就涉及航运、河道治理、水源储备与供应、调洪排涝、植被及动物栖息地保护、水质、能源、城市安全以及建筑和城市设计等多方面的内容。这就决定了滨水区的规划和景观设计，应该是一种能够满足多方面需求的、多目标的设计，要求设计人员能够全面、综合地提出问题，解决问题。

（一）现状条件概述

河流具有以下几个特点：

第一，要求必须与城市功能密切结合，提供良好的景观和丰富多样的滨水活动空间，形成具有活力的城市滨水区域。

第二，属于骨干河网。担负着城市的防洪排涝、蓄水和生态功能。

第三，塑造城市精神的重要载体。作为未来的景观中轴线，在体现城市个性风貌、历史文化方面负有重要的使命。

（二）问题的提出

在对现状条件充分了解的基础上，发现其中存在的问题并找到下一步设计的切入点，是设计中至关重要的一步。因为景观设计不是纯形式意义上的游戏，景观设计旨在解决问题，而发现问题是设计的开始。对于滨水地带的景观设计，它的复杂性和综合性就更加要求设计人员多角度、多层次地去思考和发现，运用多学科的知识，从更广阔的视野范围内来综合分析。通过现场踏勘，地方文献的阅读，咨询规划部门，特别是水利部门的意见，综合提出景观设计所必须解决的问题。

第一，防洪问题。

第二，水量问题。

第三，水质问题。

第四，河流与城市功能的结合问题。

第五，亲水性问题。

第六，滨水区可达性和连续性问题。

第七，水体面积减少问题。

第八，城市历史的延续性问题。

（三）对问题的整理与目标的提出

上述问题比较零散，仔细考察，可以归结为三个方面的内容：对水系本身和水系生态的治理和设计、城市功能布局与城市结构、景观和历史文化。在此基础上，提出了景观设计的多层次复合目标。

第一，安全、稳定、健康的基础水环境。水系要能满足城市防洪排涝的要求，有较稳定的水源补给；同时还应具有健康的生态状况，包括对污染的治理以及自然生态系统功能的恢复和健全。

第二，良好的经济和社会效益。水系应能够充分地与城市生活相融合、促进，带动城市商业和经济的发展，为市民提供休闲游憩的场所。

第三，积极的精神文化意义。水系应能够塑造和承载城市的景观特色和文化内涵，成为城市个性和地方精神的代表。

（四）解决途径与规划方案的提出

景观设计要面向目标，立足于解决问题。根据目标的 3 个层次，设计可以相应分为三部分内容。

第一，水系规划和设计，同时包括以其为基础的绿地系统的设计。

第二，土地利用规划和设计，主要包括以水系为基础的城市功能、布局和城市形态。

第三，历史文化解释系统的规划和设计。

每一部分都面向于实现本层次的目标，并针对问题和制约因素提出了有效的解决方案。其中，水系是本次设计的中心，也是整合和联系三部分内容的基本框架。

1. 水系规划和设计——建立安全、稳定、健康的水环境

内容包括水系治理与河流生态的建设，以实现一个安全、稳定、健康的基础水环境，它是进行其他滨水区城市开发的基本前提。对此提出了两套水系、循环利用水系设计方案。

（1）两套水系

根据未来的城市功能局面，综合这种特点，将设计为功能、流向、水质、水位、宽度、深度各不相同的两条河流，以长堤为界，并与场地内其他支流构成水系。各自结合流经区域内不同的城市功能，发挥不同的效应。

（2）水循环和能量利用

结合各区不同的亲水要求所形成的水位差，通过建立堰坝、水闸、风能水泵等水利基础设施改善水的循环。这套水循环的建立主要通过风能和太阳能来带动，利用滨海地区丰富的风力资源，形成良好的景观。

（3）雨水综合利用

雨水是的主要水源，因此对雨水的收集和综合利用非常重要，应建立完整的雨水收集、净化、蓄积和循环系统。它包括保留并梳理现状零散的河渠沟塘，依照城市的功能，与社区绿地系统相结合，建构新的水系。它既是贯穿社区间的滨水休闲网络，同时也是一套暴雨时的自然排水系统，以替代水的管道系统，具有滞流、过滤、减少径流量和补给地下水的综合功能；并且，它也是一套雨水收集系统，实现了雨水的初次过滤、沉淀和生物净化，随后排入主河道作为河流的部分水源补给。

保护并增加现有的水体面积，建立湿地湖泊以蓄积雨水，实现在丰水和枯水季节均有良好的景观。同时在滨水地带加强地被植物的种植，推行生态河岸的设计，建设半自然的湿地系统，以更好地发挥生物净化功能。为景观水系单独建立一套人工湿地系统，对水体进行二次生物过滤，以达到国家有关景观用水的水质要求。整个河段通过所建立的水循环保证水体的流动性。

2. 土地利用规划和设计——实现良好的经济和社会效益

内容包括以水系为基础，组织城市功能，建立城市形态，使水系充分地融入

城市生活，带动城市商业和经济的发展，为市场提供休闲游憩的场所，实现良好的经济和社会效益。具体措施如下。

（1）水系与城市功能相结合

规划方案实现了不同水位、不同水景与不同城市功能区、城市活动和城市场所的结合。

（2）城市、社区间的绿色休闲网络

规划没有单纯强调一条河流的规划，而是强调整个水系的建设。通过水系河网的建立构成社区间的绿色网络，联系了每栋住宅的庭院绿地、每个社区的绿地、城市公共绿地、公园和开放空间，成为社区间、社区与城市间联系的纽带，成为一个没有机动车的绿色休闲体系，它是对传统水乡城市格局和生活方式的新的延续。

（3）生态基础设施的建立，提高了土地的价值，带动土地的开发

规划整合整个区域内的水系和绿地系统，使其构成完整和较为独立的基础体系，可以将其作为生态基础设施，与市政基础设施一起进行先期建设，纳入由政府实施的土地整备和一级开发。它一方面保证了绿地系统的完整结构和功能，另一方面改善了土地的开发环境，选项提升了土地的价值，实现良好的经济和社会效益。

3. 景观和历史文化体系的规划——塑造优美的景观，体现地方精神

景观的塑造应体现地方精神，因此规划首先要做的是对历史文化的解读，它包括场地深层次的历史内涵和即将消失的生活记忆。这部分工作主要通过文献阅读分析和现场的踏勘、体验、记录来完成。

目前国内的滨水区规划，包括从城市规划角度出发的规划设计和水利部门的河流治理，都往往存在着一定的片面性，未能将滨水区的问题予以综合理解和综合解决。而景观设计学，作为一门正在发展中的更为综合的学科，其优点之一在于可以从比其他学科更广阔的视野范围来解决问题，综合建筑学、艺术、城市规划、地理学、生物学和生态学等多学科的知识，提出更完善的解决方案。景观设计学更善于综合的、多目标地解决问题，同时掌握关于自然系统和社会系统两方面的知识，懂得如何协调人与自然关系的景观设计师，更应努力发挥其综合优势，致力于更完善的滨水区建设，而多学科的知识和综合分析的能力也应是景观设计

人员首先应具备的基本素质。

二、城市公园的景观生态设计原则

（一）异质性原则

景观异质性导致景观复杂性与多样性，从而使景观生机勃勃，充满活力，趋于稳定。因此在对这种以人工生态主体的景观斑块单元性质的城市公园设计的过程中，以多元化、多样性，追求景观整体生产力的有机景观设计法，追求植物物种多样性，并根据环境条件之不同处理为带状（廊道）或块状（斑块），与周围绿地整合起来。

（二）多样性原则

城市生物多样性包括景观多样性，是城市人们生存与发展的需要，是维持城市生态系统平衡的基础。设计以其园林景观类型的多样化，以及物种的多样性等来维持和丰富城市生物多样性。因此，物种配置以本土和天然为主，让地带性植被——南亚热带常绿阔叶林等建群种，如假萍婆、秋枫、樟树、白木香等作公园绿化材料的主角，让野生植物、野草、野灌木形成自然绿化，这种地带性植物多样性和异质性的设计，将带来动物景观的多样性，能诱惑更多的昆虫、鸟类和小动物来栖息。例如，在人工改造的较为清洁河流及湖泊附近，蜻蜓各类十分丰富，有时具有很高的密度。而高草群落（如芦苇等）、花灌木、地被植被附近，将会吸引各种蝴蝶，这对于公园内少儿的自然认知教育非常有利。同时，公园内，景观斑块类型的多样性的增加，生物多样性也增加，为此，应首先增加和设计各式各样的园林景观斑块，如观赏型植物群、保健型植物群落、生产型植物群落、疏林草地、水生或湿地植物群落。

（三）景观连通性原则

景观生态学名用于城市景观规划，特别强调维持与恢复景观生态过程与格局的连续性和完整性，即维护城市中残遗绿色斑块、湿地自然斑块之间的空间联系，这些空间联系的主要结构是廊道，如水系廊道等。

除了作为文化与休闲娱乐走廊外，还要充分利用水系作为景观生态廊道，将园内各个绿色斑块联系起来。滨水地带是物种最丰富的地带，也是多种动物的迁移通道。要通过设定一定的保护范围（如湖岸 50 米的缓冲带）来连接整个园内的水际生态与湖水景观的保护区。

在园内，将各支水系贯通，使以水流为主体的自然生态流畅、连续，在景观上形成以水系为主体的绿色廊道网络。在设计的同时，充分考虑了上述理想的连续景观格局的形成。一方面，开敞水体空间，慎明渠转暗，使市民充分体验到水这一自然的过程，达到亲水的目的。另一方面，节制使用钢筋水泥、混凝土，还湖的自然本色，以维护城市中难得的自然生境，使之成为自然水生、湿生以及旱性生物的栖息地，使垂直的和水平的生态过程得以延续。同时，亦可减少工程造价。

（四）生态位原则

所谓生态位，即物种在系统中的功能作用以及时间与空间中的地位。设计充分考虑系统构成名植物物种的生态位特征，合理配置选择植物群落。在有限的土地上，根据物种位原理实行乔、灌、藤、草、地被植被及水面相互配置，并且选择各种生活型（针阔叶、常绿落叶、旱生湿生水生等等）以及不同高度和颜色、季相变化的植物，充分利用空间资源，建立多层次、多结构、多功能科学的植物群落，构成一个稳定的长期共存的复层混交立体植物群落。景观整体优化原则从景观生态的角度上看，即是一个特定的景观生态系统，包含有多种单一生态系统与各种景观要素。为此，应对其进行优化。首先，加强绿色基质。由于独特的自然环境，生态条件以及佛山市民对生态、自然景观空间的重视与追求，使得公园内绿地面积超过总用地面积 85%（含湖面水体）。公园绿地作为景观基质（面积占73%），设计将所有园路种上树冠宽大的行道树或草皮，形成具有较高密度的绿色廊道网络体系。其次，强调景观的自然过程与特征，设计将公园融入整个城市生态系统，强调公园绿地景观的自然特性，优先考虑湖面、河涌的无完整性与可修复性，控制人工建设对水体与植被的破坏，力求达到自然与城市人文的平衡。

（五）缓冲带与生态交错区原则

作为公园内湖泊、河涌的缓冲区、湖滨湿地景观设计将注意以下几个方面：

第一，按水流方向，在紧临湿地的上游提供缓冲区，以保障在湿地边缘生存的物种的栖息场所与食物来源，保持景观中物种的连续性。

第二，在湿地中建立走道来规范人类活动，防止对湿地生态系统的随意破坏。

第三，为保持亲水性与维持生态系统完整性间的矛盾，或者湖滨水位变化与植物配置方法间的矛盾，采取挺水植物、浮水植物与沉水植物的搭配的方式，设计临水栈桥来解决，其中栈桥随水位呈错落叠置变化。

第四，为避免湿地或湿地植被产生的臭味的影响，将通过植物类型的搭配，使植物与植枝落叶层形成一个自然生物滤器来控制臭味，并阻止杂草生长，进而控制昆虫的过量繁殖，避免在感观上造成负面影响。而湿地中树木的碎屑为其中的各种鱼类繁殖提供了必需的多样化的生境。

三、城市湿地景观的生态设计

由于人类与湿地相互储存的关系。相应于对湿地重要性认识的提高，许多国家也积极投入到对各类广义湿地的保护和恢复的行动中，包括在规划人类居住区时更多地考虑体现其自然环境的意义。

（一）为什么要对城市湿地景观进行生态设计

湿地环境是与人们联系最紧密的生态系统之一，对城市湿地景观进行生态设计，加强对湿地环境的保护和建设，具有重要意义。

第一，能充分利用湿地渗透和蓄水的作用，降解污染，疏导雨水的排放，调节区域性水平衡和小气候，提高城市的环境质量。

第二，这将为城市居民提供良好的生活环境和接近自然的休憩空间，促进人与自然和谐相处，促进人们了解湿地的生态重要性，在环保和美学教育上都有重要的社会效益。一定规模的湿地环境还能成为常住或迁徙途中鸟类的栖息地，促进生物多样性的保护。

第三，利用生态系统的自我调节功能，可减少杀虫剂和除草剂等的使用，降低城市绿地的日常维护成本。

（二）如何对城市湿地景观进行生态设计

1. 保持湿地的（系统）完整性

湿地系统，与其他生态系统一样，由生物群落和无机环境组成。特定空间中生物群落与其环境相互作用的统一体组成生态系统。在对湿地景观的整体设计中，应综合考虑各个因素，以整体的和谐为宗旨，包括设计的形式、内部结构之间的和谐，以及它们与环境功能之间的和谐，才能实现生态设计的目的。

调查研究原有环境是进行湿地景观设计前必不可少的环节。因为景观的规划设计，必须建立在对人与自然之间相互作用的最大程度的理解之上。对原有环境的调查、包括对自然环境的调查和对周围居民情况的调查，如对原有湿地环境的土壤、水、动植物等的情况，以及周围居民对该景观的影响和期望等情况的调查。这些都是做好一个湿地景观设计的前提条件，因为只有掌握原有湿地的情况，才能在设计中保持原有自然系统的完整，充分利用原有的自然生态，而掌握了居民的情况，则可以在设计中考虑人们的需求。这样能在满足人需求的同时，保持自然生态不受破坏，使人与自然融洽共存。这才是真正意义上保持了湿地网络系统的完整性。

利用原有的景观因素进行设计，是保持湿地系统完整性的一个重要手段。利用原有的景观因素，就是要利用原有的水体、植物、地形地势等构成景观的因素。这些因素是构成湿地生态系统的组成部分，但在不少设计中，并没有利用这些原有的要素，而是另起一格，按所谓的构思肆意改变，从而破坏了生态环境的完整及平衡，使原有的系统丧失整体性及自我调节的能力，沦为仅仅是美学意义上的存在。

2. 植物的配置设计

植物，是生态系统的基本成分之一，也是景观视觉的重要因素之一，因此植物的配置设计是湿地系统景观设计的重要一环。对湿地景观进行生态设计，在植物的配置方面，一是应教育植物各类的多样性，二是尽量采用本地植物。

多种类植物的搭配，不仅在视觉效果上相互衬托，形成丰富而又错落有致的效果，对水体污染处的处理功能也能够互相补充，有利于实现生态系统的完全或半完全（配以必要的人工管理）的自我循环。具体地说，植物的配置设计，从层次上考虑，有灌木与草本植物之分，挺水（如芦苇）、浮水（如睡莲）和沉水植物（如金鱼草）之别，将这些各种层次上的植物进行搭配设计。从功能上考虑，可采用发达茎叶类植物以有利于阻挡水流，沉降泥沙，发达根系类植物以利于吸收等的搭配。这样，既能保持湿地系统的生态完整性，带来良好的生态效果，而在进行精心的配置后，或摇曳生姿，或婀娜多姿的多层次水生植物还能给整个湿地的景观创造一种自然的美。

采用本地的植物，是指在设计中除了特定情况，应利用或恢复原有自然湿地生态系统的植物种类，尽量避免外来种。其他地域的植物，可能难以适应异地环境，不易成活；在某些情况下又可能过度繁殖，占据其他植物的生存空间，以致造成本地植物在生态系统内的物种竞争中失败甚至灭绝，严重者成为生态灾难。在生态学史上，不乏这样的例子（生物入侵）。维持本地种植物，就是维持当地自然生态环境的成分，保持地域性的生态平衡。另外，构造原有植被系统，也是景观生态设计的体现。

3. 水体岸线及岸边环境的设计

岸边环境是湿地系统与其他环境的过渡，岸边环境的设计，是湿地景观设计需要精心考虑的一个方面。在有些水体景观设计中，岸线采用混凝土砌筑的方法，以避免池水漫溢。但是，这种设计破坏了天然湿地对自然环境所起的过滤、渗透等的作用，还破坏了自然景观。有些设计在岸边一律铺以大片草坪，这样的做法，仅从单纯的绿化目的出发，而没有考虑到生态环境的功用。人工草坪的自我调节能力很弱，需要大量的管理，如人工浇灌、清除杂草、喷洒药剂等，残余化学物质被雨水冲刷，又流入水体。因此，草坪不仅不是一个人工湿地系统的有机组成，相反加剧了湿地的生态负荷。对温地的岸边环境进行生态的设计，可采用的科学做法是水体岸线以自然升起的湿地基质的土壤沙砾代替人工砌筑，还可建立一个水与湿地的自然调节功能，又能为鸟类、两栖爬行类动物提供生活的环境，还能充分利用湿地的渗透及过滤作用，从而带来良好的生态效应。并且从视觉效果上来说，这种过渡区域能带来一种丰富、自然、和谐又富有生机的景观。

（三）城市湿地景观生态设计的实例分析

随着对自然湿地作用的深入认识，世界上城市水体景观设计也逐渐从纯粹的水景设计过渡到对湿地系统的设计或改造。在进行湿地的景观设计时，除了考虑美学上的功能外，生态功能也是首要考虑的因素之一。

城市的湿地景观，是城市景观的重要组成部分。由于湿地系统在生态上具有重要的调节作用，在对其进行景观设计时，应充分考虑方面的设计。景观设计师需要在思想中树立生态的观念，从而在对城市湿地系统的景观设计中，做到美学与生态兼顾，使自然与人类生活环境有良好的结合点，使人与自然达到和谐。

四、城市生态基础设施景观战略

（一）城市生态基础设施

城市的可持续发展依赖于具有前瞻性的市政基础设施建设，包括道路系统，给排水系统等，如果这些基础不完善或前瞻性不够，在随后的城市开发过程中必然要付出沉重的代价。关于这一点，许多城市决策者似乎已有了充分的认识，国家近年来在投资上的推动也促进了城市基础设施建设。如同城市的市政基础设施一样，城市的生态基础设施需要有前瞻性，更需要突破城市规划的既定边界。唯其如此，则需要从战略高度规划城市发展所赖以持续的生态基础设施。

（二）市生态基础设施建设的十大景观战略

第一大战略：维护和强化整体山水格局的连续性

任何一个城市，或依山或傍水或兼得山水为其整体环境的依托。城市是区域山水基质上的一个斑块。城市之于区域自然山水格局，犹如果实之于生态之树。因此，城市扩展过程中，维护区域山水格局和大地机体的连续性和完整性，是维护城市生态安全的一大关键。古代堪舆把城市穴场喻为胎息，意即大地母亲的胎座，城市及人居在这里通过水系、山体及风道等。破坏山水格局的连续性，就切断自然的过程，包括风、水、物种、营养等的流动，必然会使城市这一大地之胎发育不良，以至失去生命。历史上许多文明的消失也被归因于此。

翻开每一个中国古代城市史志的开篇——形胜篇，都在字里行间透出对区域山水格局连续性的关注和认知。中国古代的城市地理学家们甚至把整个华夏大地的山水格局，都作为有机的连续体来认知和保护，每个州府衙门所在地，都城的所在地都从认知图式上和实际的规划上被当作发脉于昆仑山的枝干山系和水系上的一个穴场。明皇朝曾明令禁止北京西山上的任何开山、填河工程，以保障京都山水龙脉不受断损。断山、断水被堪舆认为是最不吉利的景观，如果古代中国人对山水格局连续性的吉凶观是基于经验潜意识的，那么，现代景观生态学的研究则是对维护这种整体景观基质的完整性和连续性提供强有力的科学依据。借助于遥感和地理信息系统技术，结合一个多世纪以来的生态学观察和资料积累，面对高速公路及城市盲目扩张造成自然景观基质的破碎化，山脉被无情地切割，河流被任意截断，景观生态学提出了严重警告，照此下去，大量物种将不再持续生存下去，自然环境将不再可持续，人类自然也将不再可持续。因此，维护大地景观格局的连续性，维护自然过程的连续性成为区域及景观规划的首要任务之一。

第二大战略：保护和建议多样化的乡土生境系统

在大规模的城市建设、道路修筑及水利工程以及农田开垦过程中，毁掉了太多太多独特而弥足珍贵、却被视为荒滩荒地的乡土植物生境和生物的栖息地，直到最近，才把目光投向那些普遍受到关注或即将灭绝，而被认定为一类或二类保护物种的生境的保护，如山里的大熊猫、海边的红树林。然而，与此同时却忘记了大地景观是一个生命的系统，一个由多种生境构成的嵌合体，而其生命力就在于其丰富多样性，哪怕是一种无名小草，其对人类未来以及对地球生态系统的意义可能不亚于熊猫和红树林。

历史上形成的风景名胜区和划定为国家及省市级的具有良好森林生态条件的自然保护区固然需要保护，那是生物多样性保护及国土生态安全的最后防线，但这些只占国土面积百分之几或十几的面积不足以维护一个可持续的、健康的国土生态系统。而城市中即使是30%甚至50%的城市绿地率，由于过于单一的植物种类和过于人工化的绿化方式，尤其因为人们长期以来对引种奇花异木的偏好以及对乡土物种的敌视和审美偏见，其绿地系统的综合生态服务功能并不很强。与之相反，在未被城市建设吞没之前的土地上，存在着一系列年代久远、多样的生物与环境已形成良好关系的乡土栖息地。

其中包括：

①即将被城市吞没的古老村落中的一方龙山或一丛风水树，几百年甚至上千年来都得到良好的保护，对本地人来说，它们是神圣的，但对大城市的开发者和建设者来说，它们却往往不足珍惜。

②被遗弃的村落残址，随着城市化进程的加速，农业人口涌入城市，城郊的空壳村将会越来越多，这些地方由于长期免受农业开垦，加之断墙残壁古村及水塘构成的避护环境，形成了丰富多样的生境条件，为种种动植物提供了理想的栖息地。它们很容易成为三通一平的牺牲品，被住宅新区所替代，或有幸成为城市绿地系统的一部分，往往也是先被铲平后再行绿化设计。

③曾经是不宜农耕或建房的荒滩、乱石山或低洼湿地，这些地方往往具有非常重要的生态和休闲价值。在推土机未能开入之前，这些免于农业刀鱼锄和农药

的自然地是均相农业景观中难得的异质斑块，而保留这种景观的异质性，对维护城市及国土的生态健康和安全具有重要意义。

第三大战略：维护和恢复河道和海岸的自然形态

河流水系是大地生命的血脉，是大地景观生态的主要基础设施，污染、干旱断流和洪水是目前中国城市河流水系所面临的三大严重问题，而尤以污染最难解决。于是治理城市的河流水系往往被当作城市建设的重点工程、民心工程和政绩工程来对待。然而，人们往往把治理的对象瞄准河道本身，殊不知造成上述三大问题的原因实际上与河道本身无干。于是乎，耗巨资进行河道整治，而结果却使欲解决的问题更加严重，犹如一个吃错了药的人体，大地生命遭受严重损害。这些错误包括下列种种。

①水泥护堤衬底，大江南北各大城市水系治理中能幸免此道者，几乎没有。曾经是水草丛生、白鹭低飞、青蛙缠脚、游鱼翔底，而今已是寸草不生，光洁的水泥护岸，就连蚂蚁也不敢光顾。水的自净能力消失殆尽，水—土—植物—生物之间形成的物质和能量循环系统被彻底破坏。河床衬底后切断了地下水的补充通道，导致地下水文地位不断下降；自然状态下的河床起伏多变，基质或泥或沙或石，丰富多样，水流或缓或急，形成了多种多样的生境组合，从而为多种水生植物和生物提供了适宜的环境。而水泥衬底后的河床，这种异质性不复存在，许多生物无处安身。

②裁弯取直。古代风水最忌水流直泻僵硬，强调水流应曲曲有情。只有蜿蜒曲折的水流才有生气，有灵气。现代景观生态学的研究也证实了弯曲的水流更有利于生物多样性的保护，有利于消减洪水的灾害性和突发性。一条自然的河流，必然有凹岸、凸岸、有深潭、有浅滩和沙洲，这样的形态至少有三大优点：其一，它们为各种生物创造了适宜的生境，是生物多样性的景观基础。其二，减低河水流速，蓄洪涵水，削弱洪水的破坏力。其三，尽显自然形态之美，为人类提供富有讲情画意的感知与体验空间。

③高坝蓄水。至少从战国时代开始，祖先就已十分普遍地采用作堰的方式引导水流用于农业灌溉和生活，秦汉时期，都江堰工程是其中的杰出代表作。但这种低堰只作调节水位，以引导水流，而且利用自然地势，因势利导，决非高垒其坝拦截河道，这样既保全了河流的连续性，又充分利用了水资源。事实上，河流

是地球上唯一一个连续的自然景观元素，同时，也是大地上各种景观元素之间的联结元素。通过大小河流，使高山、丛林、湖泊、平原直至海洋成为一个有机体。大江、大河上的拦腰水坝已经给这一连续体带来了很大的损害，并已引起世界各国科学家的反思，迫于能源及经济生活之需，已实属无奈。而当所剩无几的水流穿过城市的时候，人们往往不惜工本拦河筑坝，以求提高水位，美化城市，从表面上看是一大善举，但实际上有许多弊端，这些弊端包括：其一，变流水为死水，富营养化加剧，水质下降，如不治污，则往往臭水一潭，丧失生态和美学价值。其二，破坏了河流的连续性，使鱼类及其他生物的迁徙和繁衍过程受阻。其三，影响下游河道景观，生境破坏。其四，丧失水的自然形态，水之于人的精神价值决非以量计算，水之美其之丰富而多变的形态，及其与生物、植物及自然万千的相互关系，城市居民对浅水卵石、野草小溪的亲切动人之美的要求，决不比生硬河岸中拦筑的水体更弱。城市河流中用以休闲与美化的水不在其多，而在其动人之态，其动人之处就在于自然。其他对待河流之态度包括盖之、填之和断之，则更不可取。治河之道在于治污，而决不在于发行河道。

第四大战略：保护和恢复湿地系统

湿地是地球表层上由水、土和水生或湿生植物（可伴生其他水生生物）相互作用构成的生态系统。湿地不仅是人类最重要的生存环境，也是众多野生动物、植物的重要生存环境之一，生物多样性极为丰富，被誉为自然之肾，对城市及民居具有多种生态服务功能和社会经济价值。

这些生态服务包括：

①提供丰富多样的栖息地：湿地由于其生态环境独特，决定了生物多样性丰富的特点，中国幅员辽阔，自然条件复杂，湿地物种多样性极为丰富。中国湿地已知高等植物825种，被子植物639种，鸟类300余种，鱼类1040种，其中许多是濒危或者具有重大科学价值和经济价值的类群。

②调节局部小气候：湿地碳的循环对全球气候变化起着重要作用。湿地还是全球氮、硫、甲烷等物质循环的重要控制因子。它还可以调节局部地域的小气候。湿地是多水的自然体，由于湿地土壤积水或经常处于过湿状态，水的热容量大，地表增温困难；而湿地蒸发是水面蒸发的2～3倍，蒸发量越大消耗热量就越多，导致湿地地区气温降低，气候较周边地区冷湿。湿地的蒸腾作用可保持当地的湿

度和降雨量。

③减缓旱涝灾害：湿地对防止洪涝灾害有很大的作用。近年来由于不合理的土地开发和人类活动的干扰，造成了湿地的严重退化，从而造成了严重的洪涝灾害就是生动的反面例子。

④净化环境：湿地植被减缓地表水流的速度，流速减慢和植物枝叶的阻挡，使水中泥沙得以沉降，同时经过植物和土壤的生物代谢过程和物理化学作用，水中各种有机的和无机的溶解物和悬浮物被截流下来，许多有毒有害的复合物被分散转化为无害甚至有用的物质，这就使得水体澄清，达到净化环境的目的。

⑤满足感知需求并成为精神文化的源泉：湿地丰富的水体空间、水边朴野的浮水和挺水植物，以及鸟类和鱼类，都充满大自然的灵韵，使人心静神宁。这体现了人类在长期演化过程中形成的与生俱来的欣赏自然、享受自然的本能和对自然的情感依赖。这种情感通过诗歌、绘画等文学艺术来表达，而成为具有地方特色的精神文化。

⑥教育场所：湿地丰富的景观要素、物种多样性，为环境教育和公众教育提供机会和场所。当然，除以上几个方面外，湿地还有生产功能。湿地蓄积来自水陆两相的营养物质，具有较高的肥力，是生产力最高的生态系统之一，为人类提供食品、工农业原料、燃料等。这些自然生产的产品直接或间接进入城市居民的经济生活，是人们所熟知的自然生态系统的功能。

在城市化过程中因建筑用地的日益扩张，不同类型的湿地的面积逐渐变小，而且在一些地区已经趋于消失。同时随着城市化过程中因不合理的规划城市湿地斑块之间的连续性下降，湿地水分蒸发蒸腾能力和地下水补充能力受到影响；随着城市垃圾和沉淀物的增加，产生富营养化作用，对其周围环境造成污染。所以在城市化过程中要保护、恢复城市湿地，避免其生态服务功能退化而产生环境污染，这对改善城市环境质量及城市可持续发展具有非常重要的战略意义。

第五大战略：将城郊防护林体系与城市绿地系统相结合

大地园林化和人民公社化的进程同步，中国大地就开展了大规模的防护林实践，带状的农田防护林网成为中国大地景观的一大特色，特别是华北平原上，防护林网已成为千里平原上的唯一垂直景观元素，而令国际专家和造访者叹为观止。这些带状绿色林网与道路、水渠、河流相结合，具有很好的水土保持、防风固沙、调节农业气候等生态功能，同时，为当地居民提供薪炭和用材。事实上，只要在城市规划和设计过程中稍加注意，原有防护林网的保留纳入城市绿地系统之中是完全可能的，这些具体的规划途径包括。

①沿河林道的保护：随着城市用地的扩展和防洪标准的提高，加之水利部门的强硬，夹河林道往往有灭顶之灾。实际上防洪和扩大过水断面的目的可能通过其他方式来实现，如另辟导洪渠，建立蓄洪湿地。而最为理想的做法是留出足够宽的用地，保护原有河谷绿地走廊，将防护堤向两侧退后设立。在正常年份河谷走廊成为市民休闲及生物保护的绿地，而在百年或数百年一遇洪水时，作为淹没区。

②沿路林带的保护。为解决交通问题，如果沿用原道路的中心线向两侧拓宽道路，则原有沿路林带必遭砍伐，相反，如果以其中一侧林带为路中隔离带，一侧可以保全林带，使之成为城市绿地系统的有机组成部分。更为理想的设计是将原有较窄的城郊道路改为社区间的步行道，而在两林带之间的地带另辟城市道路。

③改造原有防护林带的结构。通过逐步丰富原有林带的单一树种结构，使防护林带单一的功能向综合的多功能城市绿地转化。

五、精心随意与刻意追求的城市景观塑造

要想很好地回答这些问题十分困难，简单地说要或不要难以让人信服，但大家公认的历史事实是美的城市景观大多经历了相当长时间的经营建设，它是那个城市历史的、物质与文化积淀而成的。这里讲长时间是少则数十年，多则数百年、上千年。物质与文化的积淀说明了形成城市美景过程之艰辛，它浸透了多少代人的心血与苦心经营，汇集了多少人的天才和智慧，经历了多少年来的过滤，完全是千锤百炼锻造出来的结果，但是，现在常常被人忽视或忘记的恰恰是这两点：城市景观形成的时间之长与过程之难。

走向建筑、地景、城市规划的融合是建筑学发展历程概括性的总结，是 21 世纪令城市健康发展的必由之路。目前，特别在城市重大的建筑项目中，将这三者有机地融合一体进行策划、设计、建设。并非割裂的、从属的，更非各自为政。例如面对一条城市的干道，规划上要研究它沿街建筑的布置，街道空间形态、尺度、商业和人的活动需求，绿化的形式等许多相关因素，颇为复杂。不能仅满足了机

动交通的功能就开始实施。

否则，这种没有生命力、残缺不全的病态街道一旦形成连绵数里，长时间处在城市中心就形成丑陋的景观，造成对城市景观的破坏。城市已经规划好的绿地现在有条件实施，却又在绿地中布置大片的硬质铺地、喷泉雕塑等人工设施，造成绿地的绿化量不足，好端端的城市绿色的项链串不起来，是不是很奇怪？城市沿街的建筑就是要遵守一定规划，要控制建筑高度、长度；要精心选择材料，设计好建筑的色彩、细部等。现在有些建筑师过于迷恋自己设计的单体，破坏了城市的整体性，伤害了城市的景观，这种案例比比皆是，以致现在难得在城市中看到一幢很顺眼，谦虚而优雅的建筑。

本质上讲，这些弊病都是策划、设计单打独斗的结果，没有将建筑、地景、城市规划有机地融为一体进行建设。建筑、地景、城市规划三位一体在城市建设的不同阶段不断地变换角色，有时建筑出来唱主角，有时规划要继承延续前人的成果，有时景观设计要默默无闻地衬托别人。过程往往是漫长的，要协调统一，贯彻始终，才能形成整体感很强、美的城市景观。只有这样才能得到所刻意追求的东西。这种态度和思想境界是对三位一体唯一正确的深刻理解，动机和效果要统一起来从事，才是城市景观建设的真正意义。

美化城市景观运动却是件危险而可怕的事，城市就是一般性地美化也要很多很多的钱，何况美没有标准和限度。豪华奢侈的，还是气魄宏伟的，高科技的，一百年不落后的？这些也许能构成一定的美感。但现代都市应具备何种美感是要认真地研究一番的。一般地说，城市景观的美是次生的，首要的依然是它在城市的功能和内容，营造城市景观的目的是最大限度地关怀广大的城市市民，构筑健康、有良好品质的城市生活。实用，经济和美观，三者辩证地统一是党的始终一贯的建设方针，这对目前的城市景观建设依然适用。现在好像执行起来对前两点强调得不够，有片面地追求形式美、高标准的倾向。民族的传统历来讲究朴素自然，它是中国风景园林美的灵魂。连古代的皇帝都知道自己的住处要素雅、自然。广大的市平民更喜欢那种舒适透出的随意，轻松愉快的生活环境。现在的城市建设滥用材料，用色彩斑斓、磨光花岗石做室外铺地，走起路来打滑，用不锈钢做座椅冰凉又不舒服。若换成地砖铺地，木制的条凳就舒服实用多了，既朴素又美观。现在许多城市景观设计中透出病态的假、大、空，都是滥用的结果，滥用石材，滥用不锈钢，滥用喷泉水景、花饰灯，滥用草皮、花卉等等。一种不讲分寸、缺乏文化修养，像是暴发户的表现欲所炮制的作品实在是俗不可耐，没有半点真正的美感。从侧面也透视出一些决策、设计者浮躁、表面的心态。

现代的国际大都市的城市生活讲求高效、多样、安全和舒适，表现出开放、热爱自然、尊重人的时代精神，毫无疑问这些都是的城市建设的目标和城市应具备的良好品质。尽管过去多数城市的基础设施差、起点低、欠账多、面貌落后。现在，经济的大发展推动了城市建设的高潮，要做的和想要做的事情太多太多，这几年城市面貌有着迅猛的变化是有目共睹的事实，但还是远远不能满足社会发展与百姓的需要。市民需要良好、舒适的户外活动空间，需要人行道通畅无阻，需要大众的公园都免费开放，需要树荫和座椅，需要有些可供儿童和老人活动的场地，人们需要看看那些自然生长的树木草地，听听虫鸣鸟叫。仔细想想这些需求都很基本又正常。其实，人们不太关心那些美丽的城市大广场，那些不让人走进去的观赏草坪，美丽的大花坛，那些不常出水的喷泉，难以轻松通过的宽马路，那些花枝招展的装饰街灯、铺天盖地的广告牌，百姓们的真正需要比这些吵闹的景观的标准要低得多。人们在多种多样、小型自然的户外活动空间更感到亲切、轻松、随意。比在那种充满装饰性花丛，修剪整齐的植物，花岗石铺地的人工环境要开心愉快得多。只是城市里这默默无闻、小型多样的户外活动空间仍太缺乏，若是被城市领导重视，就会出奇制胜。设计者以一种精心的随意的态度为百姓营造他们喜欢的空间场所，说不定这才是常常犯难的设计创新。刻意追求，设计这种精心的随意的城市景观特色要有较深厚的文化底蕴，要有对百姓的喜闻乐见的深知，对现代人本主义精神的深刻理解，需要时间和精力去研究、探索，创作过程快乐而又痛苦。简单地抽取一些老北京人的生活片断，捏成一个具象的雕塑，想要表达京城百姓传统文化的内涵，常让人哭笑不得，产生一种恶感。

城市最大的户外活动空间莫过于公园、绿地。可惜，这些公园目前的处境大都十分尴尬，进退两难，公园用地不断地受蚕食，环境不断地遭到破坏，设施陈旧落后，门票低，百姓过度使用，公园的经费远远不足，连正常的养育维护都难以维持。但是，让人不理解的是政府舍得投入巨大的财力，兴造新的景观园林，却舍不得抽出一些经费给这些老公园补养、更新换代，提高这些公园的环境质量，更新它们的面貌。让公园以园养园自谋生路，把公园为公众服务的设施租出去搞商业，不合情理。设想一下，如果能有计划地逐步将这些公园更新，逐步向社会开放，形成城市开放的公共绿地系统，让百姓享用，那该是一番什么样的城市景观和形象！事倍功半何乐而不为呢？这才真正符合可持续发展和适应国际潮流的城市景观建设，群众在开放的公园绿地中锻炼体魄、放松神经，开展健康的文化休闲活动，百姓们也会提高自己的文化素质，珍惜公园的一草一木，这正是大都市现代化城市生活的标志和城市应有的魅力。

现在，城市中大有这样的空地来做这样的文章，就看如何经营管理。营造多样的城市公共空间的目的是为人所用，不是为了看，可望不可及忽视功能的城市景观是不美的。开放的公园、绿地就是要纯粹些，为公众服务，不要把城市公园当作摇钱树，或是政府行政中心的陪衬，做成了私家花园，老百姓就不愿意去了，这种建设难说是真正地为民造福。

有专家讲 21 世纪是景观管理的时代，城市公园建设大有可为，的确如此。景观管理的意思是强调规划控制城市绿地系统的重要性，策划与管理远远重于设计。政府项目的策划与实施如能敏锐地反映出城市未来发展与市民的需求和意愿就一定会获得成功。反之，那些假、大、空的形象工程、夹生饭，必将受到百姓的唾弃厌恶。有的地方领导硬要把规划局定的 10 米的路改做 18 米宽，说是为了气派。好端端的自然风景区硬要放进施工人工景观，多么宝贵的自然景观被糟蹋掉。他们用打仗的方式尽可能快地突击施工，粗制滥造什么人工涌浪、度假村，浪费了许多宝贵的资金，留下来一堆垃圾样的东西。虽然这些案例看起来有些极端，但却时有发生。问题就出在决策上，若是前期决策者能三思而行，不要把这种项目建立在破坏老祖宗的文化遗产资源上，多讲些科学，多尊重些环境，没钱就先别建，也不犯这样的错误。

目前大城市的景观建设正在由广度向深度发展，出现了许多可喜的现象，许多地方整治那些声音建筑以显露插入城市的山体，有的下大力气治理城市长期受污染的河道，有的想方设法恢复历史文物地段的风貌，有的在研究规划城市的生态景观，领导决心大，把文章做到了实处，执行者有信心，百姓拍手叫好，这种建设真正维护了市民权益，让老百姓受益，又使城市的面貌大改观，这种景观建设才真正地进入正题。如能精心地策划，精心地保育，二十年后，城市又是一番多么了不起的景象！实施过程要考虑景观建设的时间性，树木种植要规划先行，少量地移植些大树要看需要，那些被修剪得残枝败叶的大树放在新建筑边上，很煞风景，要是种大些的树苗，排列整齐，过不了几年长势就很旺盛，那该多好。看到南方一现代广场移了8棵大树，只活了两棵。那些在山里自然生长的大树移到广场，饱受烈日的烧烤全都枯焦了，一棵树上仅有活着的几组小叶片，十分可怜。城市绿化建设是门科学，只有长期、渐进、可持续地发展才能见效。急于求成，违反科学的主观臆造，突击式的做法不仅浪费了财力，也难收到好的效果，更谈不上能塑造出美的城市景观。

参考文献

[1] 马潇潇. 城市滨水绿道景观设计 [M]. 南京：江苏凤凰科学技术出版社，2022.02.

[2] 马超群. 城市轨道交通规划与设计 [M]. 北京：人民交通出版社，2022.01.

[3] 孙飞云. 市政与环境工程系列丛书景观生态活性污泥复合系统及其污水处理技术 [M]. 北京：中国建筑工业出版社，2022.01.

[4] 胥东，史官云. 市政工程现场管理 [M]. 北京：中国建筑工业出版社，2021.12.

[5] 张泉艳，刘建强，周勇. 城市轨道交通规划设计与建设管理 [M]. 北京：中国石化出版社，2021.12.

[6] 张吕伟，吴军伟. 市政工程BIM正向设计 [M]. 北京：中国建筑工业出版社，2021.11.

[7] 徐海顺. 城市海绵绿地规划设计理论与实践 [M]. 南京：东南大学出版社，2021.10.

[8] 叶辉，卓顺东，李诚. 建筑施工管理与市政工程建设 [M]. 北京：中国原子能出版社，2021.09.

[9] 王春红. 城市园林规划与设计研究 [M]. 天津：天津科学技术出版社，2021.08.

[10] 蒋雅君，郭春. 城市地下空间规划与设计 [M]. 成都：西南交通大学出版社，2021.08.

[11] 于晓，谭国栋，崔海珍. 城市规划与园林景观设计 [M]. 长春：吉林人民出版社，2021.06.

[12] 王先杰，梁红. 城市公园规划设计 [M]. 北京：化学工业出版社，2021.04.

[13] 孔德静，张钧，胥明. 城市建设与园林规划设计研究 [M]. 长春：吉林

科学技术出版社，2019.05.

[14] 蒋凤昌. 城市地下综合管廊工程建设与 BI 技术应用 [M]. 上海：同济大学出版社，2019.10.

[15] 王恒栋，葛春辉. 城市地下埋管与顶管 [M]. 上海：同济大学出版社，2018.12.

[16] 刘冬. 城市总体规划设计实验指导书 [M]. 北京：北京理工大学出版社，2018.09.

[17] 胡德明，陈红英. 生态文明理念下绿色建筑和立体城市的构想 [M]. 杭州：浙江大学出版社，2018.07.

[18] 陈春光. 城市给水排水工程 [M]. 成都：西南交通大学出版社，2017.12.

[19] 杨顺生，黄芸. 城市给水排水新技术与市政工程生态核算 [M]. 成都：西南交通大学出版社，2017.08.

[20] 邵益生，张全，谢映霞，龚道孝. 工程规划引领城市绿色发展 [M]. 北京：中国城市出版社，2017.04.